Hanno Goffin, Andreas Jüstel

# Verhandlungen in der Automobilindustrie

Erfolgreich verhandeln, wenn Millionen auf dem Spiel stehen

Der Einkaufsmanager eines großen Autoherstellers und ein Verhandlungsführer auf Zuliefererseite verraten ihre Geheimnisse.

Reihe: Von Interim Managern lernen

Herausgeber der Reihe: Dr. Harald Schönfeld, Jürgen Becker

Herausgeber des vorliegenden Bandes: Hanno Goffin

Hanno Goffin, Andreas Jüstel

# Verhandlungen in der Automobilindustrie

Erfolgreich verhandeln, wenn Millionen auf dem Spiel stehen

Der Einkaufsmanager eines großen Autoherstellers und ein Verhandlungsführer auf Zuliefererseite verraten ihre Geheimnisse.

Reihe „Von Interim Managern lernen"

Herausgeber der Reihe: Dr. Harald Schönfeld, Jürgen Becker

Herausgeber des vorliegenden Bandes: Hanno Goffin

Diplomatic Council Publishing

1. Auflage 2022



**Bibliografische Informationen der Deutschen Nationalbibliothek**

Die Deutsche Nationalbibliothek verzeichnet die vorliegende Publikation in der Deutschen Nationalbibliografie; die detaillierten bibliografischen Daten können im Internet abgerufen werden unter über http://dnb.d-nb.de.

Printed in the Federal Republic of Germany.

**Gestaltung, Cover, Satz:** IMS International Media Services, Wiesbaden

Gedruckt auf säurefreiem Papier.

**Print ISBN: 978-3-98674-036-8**

E-Book ISBN: 978-3-98674-037-5

# Inhalt

# Prolog

Die Automobilindustrie gehört zu den stärksten Branchen der deutschen Wirtschaft. Daher ist sie traditionell auch für Interim Manager enorm wichtig. So sind seit Jahren rund 20 Prozent aller Interim Manager in der Automobilindustrie (einschließlich Zulieferer) tätig. Neben dem etwa gleich starken Maschinen- und Anlagenbau gehört diese Branche somit zu den Top-Nachfragern für Interim Manager.

## Kaum jemand ist erfahrener als Interim Manager

Auch in der Automobilindustrie gibt es wohl kaum eine Berufsgruppe, die mehr über die betriebliche Praxis weiß als Interim Manager. Im Gegensatz zu den meisten fest angestellten Managern lernen Interim Manager eine große Anzahl an verschiedenen Unternehmen kennen. Dabei stellen sie sich im Durchschnitt alle acht bis neun Monate einer neuen unternehmerischen Herausforderung und Situation. Inhaltlich sind es nicht nur die branchenbezogenen Mega-Themen, die ihre Arbeit beeinflussen, wie etwa die Umstellung zur Elektromobilität und die Digitalisierung. Es ist auch das Umfeld der Unternehmen: Alleine in den Krisenjahren 2020 bis 2022 waren dies unter anderem die Corona-Pandemie, Lieferkettenprobleme (Stichwort: Chip-Krise), der Ukraine-Krieg, die ESG-Regeln (Environmental, Social, Governance) und neue Herausforderungen beim Thema Energie.

Angesichts des Mangels an qualifizierten Führungskräften überbrücken Interim Manager betriebliche Vakanzen: Vom Projektmanagement über eine interimistische HR-Leitung in einem Werk bis hin zur Geschäftsführung. Stehen Change-Management oder Transformations-Projekte an, übernehmen sie mit aktuellem Know-how die Umsetzung. Darüber hinaus werden Restrukturierungen und Sanierungen in der Branche häufig von entsprechend qualifizierten Interim Managern durchgeführt.

## Gebündeltes Know-how von Interim Managern

Mit der Buchreihe „Von Interim Managern lernen“ wird das Know-how von besonders kompetenten und erfahrenden Interim Managern erstmals gebündelt. Die sorgfältige Auswahl der Autoren durch die Herausgeber stellt sicher, dass in dieser Reihe nur die Besten der Besten zu Wort kommen. Alle vereint das Streben nach operativer Exzellenz für ihre Kunden: die zukunftsfähige Umsetzung von Veränderungen, eine in der Praxis funktionierende Steigerung der Performance – und damit eine Verbesserung der Wertschöpfung im Unternehmen und erhöhte Rentabilität. All dies sind Themen, für die Interim Manager zunehmend an Bord geholt werden. Oft handelt es sich dabei um pragmatische, „hands-on“ mitarbeitende Menschen – typisch für die Automobilindustrie.

An dieser Stelle gilt unser Dank den beiden Autoren des vorliegenden Bandes, Hanno Goffin und Andreas Jüstel, die ihr profundes Know-how und ihre umfassende Erfahrung in dieses Werk eingebracht haben.

Dr. Harald Schönfeld und Jürgen Becker

Herausgeber der Reihe „Von Interim Managern lernen“ im Verlag des globalen Think Tank Diplomatic Council und Geschäftsführer von United Interim

# Vorwort

Automobilhersteller und Zulieferer. Einerseits sind sie aufeinander angewiesen bei Qualität, Wirtschaftlichkeit, High-Tech-Entwicklung und Innovation im weltweiten Wettbewerb. Andererseits stehen sie sich oftmals spätestens seit Beginn der 1990er Jahre mit der legendären „Lopez-Ära“ als Schreck für Zulieferer und unter seinem Ausrufen des Kriegs mit seinen Kriegern wie Gegner gegenüber. José Ignacio Lopez machte sich damals als Einkäufer bei General Motors nicht nur als „Würger aus dem Baskenland“ aufgrund seines Faibles für sehr kräftige Preis- und Kostensenkungen einen Namen, er scheute auch vor mancher Schlachtrhetorik gegenüber Lieferanten nicht zurück, die er bei VW weiter „perfektionierte“. Heute werden die unterschiedlichen Interessen unter der Bezeichnung „Partner“ geführt und häufig – aber nicht immer – unter dem ehrlichen Verständnis „Partner“.

## Es hat sich viel geändert seit der Lopez-Ära

Seit der Lopez-Ära hat sich sukzessive viel geändert im Stil, Auftreten und den Anforderungen an das Verhältnis zwischen Lieferanten und Autoherstellern. Was sicherlich geblieben ist, sind die hohen Anforderungen an das Verhandlungsgeschick. Gute Verhandler können über der Laufzeit für ihre Seite leicht

Millionen gewinnen oder verlieren. Zum Erfolg mit guten Produkten gehören neben bestmöglichem Verhandlungsgeschick und guter Rhetorik auch eine starke Disziplin, persönliche Reife und Resilienz, denn manche Verhandlung bleibt weiterhin sehr herausfordernd und hart.

Seien Sie gespannt, wie in diesem Buch erstmals zwei erfahrene Praktiker beider Seiten ihre Erfahrungen, ihre Strategien, ihre Taktiken und ihre „Notfallkoffer" aufzeigen und in einem offenen Gespräch verraten. Ziel ist es, ein gutes Verhältnis zwischen Lieferant und Kunde zu fördern, das Raum gibt für eine mittelfristig erfolgreiche Zusammenarbeit mit Innovationen und Gewinnen, wodurch die Wettbewerbsfähigkeit beider Partner gestärkt wird.

Haben Sie sich schon oft gewünscht, vor wichtigen Verhandlungen die Gesprächstaktik Ihres Gegenübers, Ihre eigene Position im Wettbewerb und die Mindestziele ihres Gesprächspartners vor Eintritt in den Verhandlungsraum zu kennen? Sie werden überrascht sein, zu entdecken, wer typischerweise besser vorbereitet erscheint.

Kennen Sie das Gefühl aus Spannung, Unsicherheit und Erfolgsdruck vor der Verhandlung, wenn es darum geht, Ihre dringend notwendigen Ziele zu erreichen? Ihre Ziele bezüglich Umsatz und Profitabilität, während das Angebot Ihrer Wettbewerber scheinbar jenseits „von Gut und Böse" zu liegen scheint?

Was könnte einen besseren Einblick geben, als in einem Buch die beiden Seiten des Verhandlungstisches kennenzulernen? Einen langjährig erfahrenen Einkaufsmanager eines großen Automobilherstellers (Andreas Jüstel) und einen sehr erfahrenen Vertriebs- und Verhandlungsführer auf der Seite der Automobilzulieferer (Hanno Goffin). Beide erzielten große Erfolge. Was können Sie aus dem Repertoire Ihres Gegenübers und den erfolgreichen Aktionen Ihres Kollegen im vorliegenden Buch mitnehmen? Es geht nicht um „noch ein Buch und Training" zum Thema Verhandlung, sondern um praxisnahe „Live-Berichterstattung" aus dem wirklichen Leben spannender Verhandlungen mit entsprechenden Einsichten und Empfehlungen für Sie, die über Millionen von Euros für Ihr Unternehmen entscheiden können.

## Einzigartig tiefgehender Einblick in die andere Seite

Um einen einzigartig tiefen Einblick in die andere Seite der Verhandlung zu geben und Sie gleichzeitig mit den richtigen Werkzeugen auszustatten, wurde dieses Buch geschrieben.

- Hat ihr Verhandlungspartner eine Strategie und Verhandlungstaktik geplant? Welche taktischen und strategischen Mittel setzt er ein?
- Wie können Sie sich am besten vorbereiten, unabhängig davon, wie fachlich qualifiziert Sie ohnehin schon in den Sachfragen des Verhandlungsgegenstandes sind?

- Welche Frage stellt sich andererseits Ihr Gegenüber vor der Verhandlung zu den Gesprächen?

- Wie können Sie die vorherigen Gespräche oder den schriftlichen Austausch zum Verhandlungsthema einordnen, um vorab Schlüsse und Szenarien zu betrachten, die den Gesprächsablauf bestimmen könnten? Wo können Sie vor allem auch außerhalb Ihrer Verhandlung große Vorteile gewinnen?

- Plötzlich verändert sich die Situation im Gespräch: Wie ordnen Sie es ein und wie führen Sie die Verhandlung zurück auf den Weg, den Sie zum Erfolg suchen? Wie können Sie reagieren, wenn überraschende Schritte drohen, Sie in der Verhandlung zu ihren Zielen aus dem Tritt zu bringen?

- Ebenfalls wichtig: Zuweilen werden in Verhandlungen Mittel am Rande der Fairness eingesetzt. In diesen Situationen ist es entscheidend, richtig zu reagieren und die Verhandlung auf ihren Weg zum Erfolg zurückzuführen, wobei für Sie zwischen Sieg und Niederlage, Gewinn und Verlust entschieden wird.

Es gibt sehr erfolgreiche, probate Mittel in all diesen Situationen mit besonderen Werkzeugen angemessen zu agieren oder zu reagieren, damit sie am Ende mit einem guten Ergebnis aus den Gesprächen herauskommen.

Zudem gibt es noch einen weiteren wichtigen Aspekt: den Aspekt der Unsicherheit, der Ihr Verhandlungsergebnis gefährdet.

- Wie oft haben Sie und ich mir gewünscht, vorab Ziele, Agenda und eine eventuelle Gesprächsplanung Ihres Verhandlungspartners zu kennen, um das bestmögliche Ziel zu erreichen.

- Wie oft läuft man Gefahr, unter Erfolgs- und Abschlussdruck zu viel in einer Verhandlung zu geben und hätte „eigentlich" mit einem günstigeren Ergebnis abschließen können.

- Ebenfalls wichtig: Wann lässt man seinem Gegenüber lieber einen Etappensieg, weil am Ende das Gesamtergebnis für Sie günstiger ist?

- Wie reagieren Sie, wenn Sie selbst der Eindruck beschleicht, auf die Verliererseite zu geraten?

- Wie vermeiden Sie selbst unter hohem Druck und unter Anspannung und Unsicherheit in Stresssituationen Verhandlungsfehler zu begehen und dadurch in eine schlechte Position zu gelangen? Der Aufbau von Resilienz insbesondere unter angespannten Bedingungen – wenn es einmal wieder um besonders viel geht – und Ihr Gegenüber und der Wettbewerb zu stark erscheinen, ist erfolgskritisch.

- Warum werden Sie plötzlich zu der nächsten Verhandlung nicht mehr eingeladen und wie können Sie dieses Risiko reduzieren?

In diesem Buch erfahren Sie offen in einer einzigartig transparenten Darstellung, wie Verhandlungspartner auf beiden Seiten, der Automobilhersteller (mit meist großer Marktmacht) und der Zulieferer, denken, vorgehen, agieren und reagieren. Sie entdecken, wie Planung, Vorgehensweise und versteckte Agenda sowie Geheimnisse Ihres Gegenübers in der Verhandlung zwischen Automobilhersteller und Automobilzulieferern funktionieren. Eine gute Vorbereitung, die richtigen Reaktionen im Gespräch bis hin zum gewünschten Abschluss können im Betriebsergebnis Ihres Unternehmens viele Millionen Euro ausmachen.

Sie werden überrascht sein, wie die „andere Seite" manche Situation bewertet, manche Situation provoziert und zu welchen Bedingungen Sie mit den richtigen Tools abschließen können, ohne „das letzte Hemd" in den Verhandlungsring zu werfen. Das verspreche ich Ihnen mit 30 Jahren Erfahrung auf diesem oft hart umkämpften Gebiet.

Ich wünsche Ihnen viel Erfolg und halte zu Ihnen, wenn es einmal wieder eng wird.

Hanno Goffin, Herausgeber und Co-Autor dieses Buches

# Teil I: Einkauf versus Vertrieb

Dieses Buch lebt davon, dass es *beide* Seiten zu Wort kommen lässt: den Vertrieb des Zulieferers *und* den Einkauf des Automobilherstellers. Was könnte besser geeignet sein als ein Dialog beider Seiten, und zwar im wortwörtlichen Sinne?

Genau darum geht es in im ersten Teil des Buches: Der Autor und Herausgeber des vorliegenden Bandes, Hanno Goffin, der als Interim Manager häufig als Verhandlungsführer der Verkaufsseite agiert hat, führt ein offenes Gespräch mit seinem Co-Autor Andreas Jüstel, der über lange Jahre hinweg für den Einkauf strategischer Komponenten bei einem der großen deutschen Automobilhersteller verantwortlich zeichnete.

## Ein offener Austausch unter zwei Kontrahenten

Goffin: Herr Jüstel, was hat Sie als Einkäufer strategischer Komponenten eines großen, marktmächtigen Automobilherstellers in unserem Austausch am meisten beeindruckt oder überrascht?

*Jüstel: Lassen Sie uns beginnen mit „überrascht". Sie beschreiben eine Angebotssituation, in der es Ihr Ziel war, sich unter mehreren Lieferanten nicht als Erster in der initialen Angebotsrunde zu qualifizieren, sondern den strategisch besten*

*Platz als dritter von fünf Anbietern in der Online–Angebotsrunde zu belegen. Das ist Ihnen tatsächlich geglückt. Wie haben Sie das denn bitte angestellt?*

Goffin: Sehr genaue Vorbereitung, unterschiedliche Szenarien planen unter verschiedenen Annahmen und Kalkulationen sowie Benchmarking. Selbstverständlich wird ein wichtiger Punkt eine sehr große Erfahrung in der Vorbereitung und Verhandlung gewesen sein. Aber soweit spielte sich noch alles bis zur erfolgreichen Platzierung der genau richtigen Zahl völlig ohne Verhandlungspartner ab, nämlich in der Vorabrunde der Online -Angebote. Das zeigt, wie man als Lieferant mit optimaler Vorbereitung, Erfahrung und sicher auch dem Glück des Tüchtigen erfolgreich sein kann. Mehr dazu beschreibe ich im vorliegenden Buch im Verhandlungsteil aus Sicht des Zulieferers.

Goffin: Gibt es etwas, das Sie nicht nur überrascht, sondern auch ein wenig beeindruckt hat?

*Jüstel: Ja, die Punktlandung mit dem geplanten dritten Platz hat mich nachhaltig beeindruckt. Ich finde es generell schon beeindruckend, wenn es Lieferanten schaffen, auf kluge Weise Koalitionen im anderen Unternehmen zu schmieden. Letztlich unterstützt dies den gesamten Prozess und hilft damit allen, zu einer tragfähigen Lösung zu kommen. Ganz uneigennützig wird es selten sein, aber beeindruckend finde ich es aus einer neutralen Sicht heraus schon. Ich beschreibe diesen Punkt im vorliegenden Buch in meinem Abschnitt und rate stark dazu, sich auf eine professionelle und compliance-gerechte Art zwischen Vertrieb und Einkauf zu verbünden. Wie würden Sie einen solchen Prozess eher beschreiben Herr Goffin: eher generalstabsmäßig geplant oder mehr sozial-empathisch-intuitiv, quasi aus dem Bauch heraus und dem Herzen folgend?*

Goffin: Wie es meistens im Geschäftsleben ist, geht das eine nicht ohne das andere. Eine strategische Planung für ein Unternehmen ist genauso Pflicht, wie die strategische Planung einer großen oder auch kleineren Angebotsrunde, an die sich die strategische Planung einer Verhandlung reiht. Allerdings nimmt in dieser Reihenfolge die Wichtigkeit der empathisch-intuitiven Position und Reaktion deutlich an Gewicht zu. Auch hier passt im übertragenen Sinn der Satz von Generalfeldmarschall Graf von Moltke aus dem 19. Jahrhundert: „Jede Strategie reicht bis zur ersten Feindberührung. Danach kommt nur noch ein System von Aushülfen." Das heißt, man muss gerade in der Phase, die über das finale Ergebnis jeder Verhandlung entscheidet, ein sehr gut vorbereitetes System von „Aushülfen" zur Verfügung haben – und das liegt auf der Ebene sozial-empathisch-intuitiv, aus dem Bauch heraus und dem Herzen folgend. Denn in dieser Phase erfolgt die stärkste „Feindberührung" – und genau dazu dient diese Offenlegung im vorliegenden Buch. Aber bitte diesen Begriff „Feindberührung" nicht mehr in der kriegerischen Bedeutung, sondern in der richtigen Weise von heute zu verstehen. Die Phase, in der man von Krieg zwischen OEM und Lieferanten sprach, sollte nach der Lopez-

Ära, in der diese martialische Formulierung wiederbelebt wurde, weit hinter uns liegen.

Allerdings gibt es dazu auch heute noch Ausnahmen! Es entstehen immer noch Situationen, die sogar den Weg bis in die Presse fanden, bei denen genau das Gegenteil geschah: ein Krieg zwischen den verhandelnden Parteien – und die für beide Seiten teuer werden können. Darauf gehe ich an anderer Stelle des Buches genauer ein.

*Jüstel: Dem muss ich mich mit Bedauern anschließen. Ich habe solche Situationen nach Möglichkeit vermieden oder deeskaliert, soweit vertretbar und angemessen. Aber ab und an kommt es dennoch vor. Mein Eindruck ist, bei so manchem Zulieferer wird eine gewisse Grundaggression gegenüber dem Kunden bereits beim Onboarding der Mitarbeiter gefördert. Wenn man dann als Einkäufer auf eine solche „Front" trifft, ist es menschlich von Beginn an schwierig. Diese Art des Umgangs miteinander kann sich dann im Verlauf weiter verselbständigen.*

Goffin: Bevor wir zu den Erfahrungen mit typischen Schwächen auf der Seite Ihres Gegenübers, der Zulieferer, kommen, eine andere Frage: Was begegnet Ihnen am häufigsten als besondere Stärke – gerade gegenüber Ihrer Position?

*Jüstel: Sie berichten von der Erzählung eines Einkaufsleiters eines großen Herstellers, der sich überrascht zeigte, wie schlecht manchmal Lieferanten in Gespräche eintreten, wobei er dies gleichzeitig als wichtigsten Punkt zur erfolgreichen Verhandlung bezeichnete. Da ging es sogar um vorbereitende Maßnahmen, die offensichtlich über die Vorbereitung der Gesprächs- und Taktikelemente weit hinausgingen. Ich habe im Gegensatz dazu über viele Jahre gestaunt, wie dürftig der OEM und wie gut der Lieferant vorbereitet war. Ist es ein Zufall, dass wir beide das diametral unterschiedlich erlebt haben?*

Goffin: Das ist wohl eher kein Zufall, sondern zeigt, dass auf beiden Seiten noch erhebliches Potenzial vorhanden ist. Jetzt geht es darum, wer nach dieser Lektüre schneller und wirksamer reagiert und entsprechende Maßnahmen umsetzt. Genau dafür kann dieses Buch der Anfang sein!

## Von starken und schwachen Verhandlungspartnern

In welchen Situationen empfanden Sie Verhandlungspartner als eher stark, so dass Sie den Eindruck hatten, zurückstecken zu müssen?

*Jüstel: Wenn sich Lieferanten nicht auf oftmals absichtlich vom Einkauf herbeigeführte Situationen einlassen. Es gibt Punkte, da kann es der Einkauf dem Lieferanten wirklich schwer machen und ihn zermürben, seine Forderungen einzubringen. Das hat häufig Erfolg, wenn der Vertriebler nicht wirklich hart dran bleibt. Auf der anderen Seite wird dies oft auch auf Seiten der Mitarbeiter der Zulieferer irgendwann nicht mehr gerne weiterverfolgt. Solche Fälle beschreiben Sie in Ihrem Teil des Buches, und zeigen auf, wie damit auf der Seite der Zulieferer erfolgreich umzugehen ist. Das ist genau richtig.*

Goffin: Was sind aus Ihrer Sicht typische Fehler, die sich auf Seiten der Lieferanten und im Umfeld von Verhandlungen vermeiden lassen.

*Jüstel: Oft gibt es in einem Portfolio einen Mix an Preisen, die bei einigen Komponenten nicht kohärent sind. Das ist eine optimale Situation für den OEM, auf eine sehr offensichtliche und häufig auch einfache Art und Weise Preiszugeständnisse einzufordern. Aber Sie beschreiben in Ihrem Teil die guten Alternativen dazu, wie Sie als Lieferant dennoch mit guten Ergebnissen und mit wenig Nachlass wieder herauskommen. Die Ausführungen haben mich etwas überrascht, da müssen meine Kollegen aufpassen.*

Goffin: Herr Jüstel, sicher richtig und wichtig. Solche Situationen entstehen häufig dadurch, dass erste Kalkulationen für ein Angebot unter anderen internen und externen Annahmen gemacht wurden und sich von dem unterscheiden, was sich am Ende tatsächlich einstellt. Manchmal waren es allerdings auch schlichtweg Fehler, die zunächst entweder auf beiden Seiten nicht auffielen oder auf OEM-Seite angenommen wurden, häufig mangels wettbewerbsfähiger Alternativen.

*Jüstel: Oder die vom OEM gezielt in der Hinterhand gehalten werden – um Sie zum richtigen, manchmal viel späteren Zeitpunkt auf den Tisch zu bringen.*

Goffin: Was würden Sie über die bisherigen Ausführungen hinaus gerne noch empfehlen?

*Jüstel: Nicht besonders gerne, aber es gehört gesagt, lautet mein Rat: Eskalationen in festgefahrenen Situationen nicht scheuen. Weniger wegen des oft spöttisch zitierten „besser bezahlten Wissens“, sondern weil eine professionelle Eskalation ein manchmal unverzichtbares Korrektiv in der Sache und ein massiver Durchlaufbeschleuniger sein kann. „Gleich zum Chef rennen“ ist damit nicht gemeint, auch nicht seinem Gegenüber ständig mit dieser Option zu drohen. Aber erwachsene Menschen sollten in Ihren Rollen erkennen und eingestehen, wann eine Fortsetzung laufender Gespräche ineffizient oder gar aussichtlos ist.*

Goffin: Was würden Sie aus Ihrer Erfahrung einem Lieferanten empfehlen, ob und wie er in Gesprächen auftritt: allein oder als Team? Welche Kombination gefällt ihnen als Verhandler auf der OEM-Seite am wenigsten? Häufig gibt es den Auftritt des Lieferanten als Duo bei größeren Angelegenheiten und als einzelner Key-Accounter bei den vielen kleinen und alltäglichen Verhandlungen.

*Jüstel: Das ist eine interessante und wichtige Frage. Sie schreiben über Erfahrungen und sogar wissenschaftliche Ergebnisse, bei denen der Teamansatz kontraproduktiv sein kann. Das ist sicher richtig. Ich würde dabei aber zunächst die Begrifflichkeiten unterscheiden. Als Duo aufzutreten ist für mich nicht gleichzusetzen mit einer Teamverhandlung. Ich persönlich mag diese 2:2-Konstellationen, weil ich mir davon eine bessere Gesprächsqualität verspreche. Aber das ist bestimmt auch eine Frage des Geschmacks. Um auf die Frage zurückzukommen, was ich eher gescheut habe, waren 1:1-Gespräche in einer aggressiv-angespannten Atmosphäre, wie wir das eben schon andiskutiert haben. Gespräche zwischen Top-Entscheidern sollten allerdings wirklich 1:1 verlaufen, was zu den von Ihnen angeführten Ergebnissen passt.*

Goffin: Herr Jüstel, einerseits benötigen Sie gewisse strategische Top-Lieferanten, auf der anderen Seite dürfen Sie denen für eine bessere Verhandlungsposition nicht eröffnen, in welcher Situation sie sich befinden. Wie frei sind Sie einerseits – wie gefangen und abhängig fühlen Sie sich andererseits manchmal von diesen Lieferanten, so dass Ihr Verhandlungsrahmen viel eingeschränkter ist, als Sie es erkennen lassen können? Haben Sie öfter die Situation gehabt, in der Sie vorher schon dachten, „den brauchen wir, den müssen wir nehmen, hoffentlich macht er ein annehmbares Angebot, andere wollen wir nicht“ – und dann war das ausgerechnet derjenige mit einem wirtschaftlich schwierigen Angebot?

*Jüstel: Von einem knallharten „müssen“ würde ich nicht sprechen. Aber es ist schon viel dran an dem, was Sie eben in den Raum gestellt haben. Es gibt im Wirtschaftsleben genügend vollständig austauschbare Anbieter und deren Produkte. Ich selbst habe aber die meiste Zeit Fälle erlebt, bei denen es eben nicht vollständig egal war. Sei es nun aufgrund technischer Gegebenheiten, dem Entstehen von zu hohen Abhängigkeiten – oder schlicht auch, um nicht einen Anbieter komplett vom Markt verschwinden zu sehen. Da wird es schon knifflig, wenn das Ranking so ganz anders ausfällt, wie insgeheim erhofft. Indes existieren in den wirklich spezialisierten Produktgruppen intakte Märkte mit funktionierenden Marktmechanismen. Insofern richtet sich das Ganze bei einer professionellen Herangehensweise in der Regel von selbst. Aber keine Regel ohne Ausnahme, klar.*

Goffin: Wie sind Sie in Verhandlungen vorgegangen, wenn Sie besonders harte Verhandlungen mit sehr hohen Forderungen bei Preiszugeständnissen führen mussten, um Ihre Ziele zu erreichen, aber kein guter Lieferant ausreichend in die Nähe kam, Sie aber auch keine wesentliche Anpassung Ihrer Targets intern erreichen können?

*Jüstel: Da geht's dann wirklich ans Eingemachte. An dieser Stelle greife ich den vorhin bereits genannten Punkt des kontrollierten Eskalierens nochmals auf. Der gilt nämlich auch intern. Gerade bei den Zielsetzungen der internen Auftraggeber kommt man gelegentlich an den Punkt, an dem kein terminplankonformer Abschluss möglich ist. Aus ganz unterschiedlichen Gründen. In solchen Situationen immer weiter den Lieferanten anzufeuern, kann ein fataler Irrweg sein. Hier schließe ich mich Ihrer Ansicht an, dass es manchmal schlichtweg einer gewissen Erfahrung bedarf, um das eine von dem anderen unterscheiden zu können, treffsicher und rechtzeitig. Alles in allem ist das eine höchst unangenehme Situation.*

Goffin: Was sind Ihre drei wichtigsten Empfehlungen an den Vertrieb in der Auseinandersetzung und der Gewinnung des Einkaufs und der Ausschreibung?

*Jüstel: Dazu gebe ich sehr detaillierte Anleitungen in dem Buchteil zum Einkauf. Wenn der Vertrieb sich diese wirklich zu Herzen nimmt und sich vor allem entsprechend vorbereitet, stärkt er damit ganz ohne Preisnachlass seine Position im Wettbewerb, gewinnt genauere Einblicke in den Einkauf und die Technik und seine Position im Auswahlprozess. Dadurch gewinnt er beinahe automatisch Fürsprecher im Unternehmen des Kunden, was zu wirtschaftlichen Vorteilen führen kann.*

*Das er dennoch ein guter Verhandler sein muss, der genau erkennt, wann er dem Kunden entgegenkommen muss und wann er seine eigenen Interessen hart verteidigen kann, ist davon natürlich unberührt. Aber dazu erhält er tiefe Einblicke in dem Buchteil der Verhandlungstechnik in schwierigen Situationen, die Sie mit Ihrer umfassenden Erfahrung beschreiben.*

*Eine abschließende und persönliche Empfehlung ist zugegebenermaßen kontrovers diskutierbar: transparent und einschätzbar sein. Wenn der eine vom anderen ständig denkt „der will mich doch bloß über den Tisch ziehen“ – was soll dabei herauskommen? Das ist sicher eher ein Prozess, hin zu einem neuen, modernen Stil, und bedingt wohl einen halben Generationenwechsel. Das muss sich entwickeln.*

Goffin: Danke, Herr Jüstel, für Ihre Einblicke und Empfehlungen. Insgesamt führen viele kleine Bausteine, über die wir alle offen sprechen, zum Erfolg. Interessant und vermutlich etwas überraschend für einige Leser wird dabei im zahlengetriebenen B2B-Geschäft der vermeintlich unwichtige Randaspekt sein, wie Ihre Empfehlung, „ein Angebot darf auch attraktiv gestaltet sein". Ich erinnere mich, vor 30 Jahren löste ich bei einem großen Automobilzulieferer mit so einem Entwurf eine große Überraschung aus. Man fühlte sich nämlich damals nur mit knappen Daten und Zahlen gut im Wettbewerb gerüstet. Schön, nach 30 Jahren zu erfahren, dass auch das gut und richtig war.

Wir, die beiden Autoren, wünschen allen Einkäufern, Vertrieblern, Projektmanagern und allen weiteren Stakeholdern viel Erfolg in diesem spannenden, aber eben auch begeisternden Geschäft der Automobil- und anderer spannender technischer Branchen. Einen Baustein zum Erfolg möchten wir Ihnen mit diesem besonders offenem Buch an die Hand geben.

Hanno Goffin Andreas Jüstel

# Teil 2 – Erfolg für den Lieferanten

**Autor dieses Kapitels: Hanno Goffin**

**Strategie, Taktik und Erfahrung aus Zulieferer-Sicht**

In diesem zweiten Teil des Buches berichtet der Autor Hanno Goffin von seinen Erfahrungen als Verhandlungsführer, der im Auftrag großer und mittelständischer Zuliefererbetriebe mit großen Automobilherstellern „im Ring“ stand.

## Verhandeln – Kompetenz zum Erfolg im Vertrieb

Hervorragende Verhandlungsergebnisse bestimmen maßgeblich den Umsatz, die Marge und den Gewinn im Automobilzuliefierermarkt. Wie erreicht man in dem engen Markt mit Überkapazitäten und dominanten, oligopolistischen Kundenstrukturen bestmögliche Resultate?

Im Automobilzuliefergeschäft gibt es eine Vielzahl von großen und kleinen Verhandlungen. Die Verhandlungskompetenz muss zwingend eine Kernkompetenz bei Vertrieb und technischer Projektleitung sein. Sehr lange Erfahrung in dieser Branche macht eines offensichtlich: Hier haben sehr viele eines gemeinsam – noch sehr viel Potential.

## Wie Sie Millionen gewinnen

Sie werden die drei grundsätzlichen Bereiche für Ihren Erfolg kennen, die entscheidend sind, abgesehen natürlich von der Situation im Markt, Wettbewerb, Alleinstellung und anderem:

Auf Basis von Verhandlungserfahrung mit Automobilherstellern gibt es drei grundsätzliche Bereiche, die entscheidend sind:

1. Erfahrung;

2. Hard-Facts in Form optimaler Vorbereitung mit Verhandlungsstrategie und Taktik und einem wichtigen Repertoire zur Abwehr schwieriger Verhandlungssituationen;

3. Soft-Facts, wie Empathie, Selbstbewusstsein, Intuition und Feingefühl und zuweilen auch das Glück des Tüchtigen.

Jahrzehntelange Verhandlungserfahrung mit Automobilherstellern gibt sehr viel Raum, um die entsprechenden Antworten zu kennen, vor allem, wenn es besonders delikate, schwierige, anspruchsvolle oder auch kontroverse Situationen gibt.

Erfahrung betrifft aber nicht nur den Weg hin zur Erreichung der Ziele. Entscheidend auf dem Weg zum Erfolg – insbesondere in der Position des gegebenenfalls im Vergleich zum OEM vermeintlich kleinen Lieferanten – in einem vollen Markt ist die Erfahrung und Abwehr von zum Teil ausgebufften und sehr fordernden Positionen der großen Kunden. Sie wissen zu Beginn oder selbst im Gespräch nicht, wie die Verhandlungstaktik oder die nächsten Schritte Ihres Kunden aussehen werden. Seien Sie deshalb mit den richtigen Tools und der entsprechenden Einstellung immer auf alles vorbereitet. So vermeiden Sie böse Überraschungen, ungünstige Verhandlungsverläufe und vor allem unbefriedigende Ergebnisse, die Sie im Seriengeschäft Millionen kosten können. Dieses Geld für Sie zu sichern ist das Ziel dieses Beitrags.

Es gibt viele Tools, die in Verhandlungen entscheidend zum Erfolg beitragen, die Sie aber selten in den üblichen Verhandlungstrainings erfahren. Sie liegen weit jenseits des Standards von „win-win", „Batna" und bekannten weiteren Regeln. Einige davon sind so kraftvoll und selten angewandt, dass ich sie gerne meinen Kunden in der praktischen Anwendung als Interim Manager zur Verfügung stelle. Entsprechend schnell profitabel und erfolgreich wird dadurch ein gemeinsames Projekt für diese Unternehmen.

## Wie erreichen Sie Ihr Wunschergebnis?

Stellen Sie sich vor, Sie haben in der Verhandlung mit einem der größten Automobilhersteller der Welt und topgeschulten Einkaufspersonal zu tun. Erschwerend kommt hinzu, dass der Hersteller in einer sehr wichtigen Verhandlung für neue Produkte von einem Beratungsunternehmen für Einkaufsverhandlungen begleitet wird. Nach einer intensiven Diskussion und einem anstrengenden Austausch über Lastenheft, technische Details und Spezifikationen sowie der Lieferung erster Prototypen werden Sie als einer von fünf Lieferanten für eine Angebotsrunde eingeladen. Aufgrund einer vollkommen neuen Technologie in der Produktanwendung spielt die erste Nominierung eine besonders wichtige Rolle. Sie möchten sich daher von Beginn an als strategischer Erstlieferant positionieren und dadurch auch Einfluss auf spätere Ausschreibungen und Spezifikationen in der Erweiterung der Produktpalette und Anwendungen nehmen. Der generelle Ablauf des Bieterprozesses wird Ihnen transparent dargestellt. Es wird zwei Runden geben. Nach der ersten Runde werden nur die drei Topanbieter mit den besten Preisen in die finale Zweitrunde eintreten dürfen. Wie wird Ihre Strategie und Taktik aussehen?

Der Autor setzte sich für diese Verhandlung klare Ziele: In der ersten Runde unbedingt Position drei, jedoch keinesfalls Position eins besetzen. Es muss ein guter Preis angeboten werden, der jedoch nicht das gesamte Preisniveau der Angebotsrunde drückt. Außerdem muss er Spielraum bieten für die nachfolgende Runde. Er darf den anderen verbleibenden Wettbewerbern nicht das Signal geben, dass hier jemand mit besonders aggressiven Preis versucht das Geschäft zu gewinnen. In der zweiten Runde hatte man nur einen „Schuss“, um sich auf Position eins und damit als nominierter Lieferant zu qualifizieren. In der Vorbereitungsphase war es daher enorm wichtig, mit dem Einkauf und der technischen Entwicklung ein starkes Vertrauensverhältnis aufzubauen, um beurteilen zu können, wie zuverlässig die Einhaltung des aufgezeichneten Prozesses sein wird. Wird es nach der zweiten Runde mit dem einen „Schuss zum Erfolg“ nicht vielleicht doch noch Nachverhandlungen geben, wie so oft in der Automobilindustrie? Wie offen und fair wird der gesamte Prozess ablaufen? Aus den Gesprächen konnte mit einer relativ hohen Zuverlässigkeit schließlich tatsächlich gefolgert werden, dass dieser Prozess wie vorgegeben eingehalten wird, und der Gewinner der letzten Runde tatsächlich mit Abschluss des Meetings und einer entsprechenden Nominierungsmitteilung innerhalb weniger Tage als Alleinlieferant festgelegt sein wird. Zugelassen zur Präsenzverhandlung war jeweils nur ein Vertreter einer Firma.

Das Angebot der ersten Runde wurde fristgerecht abgegeben. Ergebnis: Punktlandung, Platz drei, wie angestrebt!

Die finale Verhandlung erfolgte anschließend vor Ort tatsächlich gleichzeitig mit allen drei ausgewählten Lieferanten. Sie verhandeln Ihr letztes Angebot, irgendwo im gleichen Gebäude sitzen die anderen beiden Unternehmen mit dem gleichen Ziel. Wie werden sie sich bewegen, wie weit gehen sie?

Ihre intensive Vorbereitungen bezüglich Strategie, Taktik und Fallbetrachtung gingen voraus, Sie fühlen sich gut vorbereitet. Wird es passen? Schließlich wird das finale Angebot in der Verhandlung schriftlich bestätigt: zwölf Uhr mittags, eine Stunde warten. Der Einkauf kommt zu Ihnen: Es tut uns leid, der Prozess hat sich etwas verzögert, es ist etwas dazwischen gekommen. Wir melden uns in der nächsten halben Stunde. Sie stellen sich die Frage, warum es so schwierig ist bei Vorliegen dreier einfacher Angebote mit ausgewiesenem Lifetime-Value nach den umfangreichen Vorgesprächen? Passiert etwas im Hintergrund, was Sie nicht beeinflussen können? Schließlich wird Ihnen nach weiteren 30 Minuten das Ergebnis mitgeteilt: erster Platz mit knappem Vorsprung als nominierter Lieferant nach der entscheidenden zweiten Runde, zu einem Preis mit einem akzeptablem Betriebsergebnis: Satz, Spiel, Sieg.

Wie erlangen Sie zielgenaue Ergebnisse in Verhandlungen mit Ihren Kunden? Es gibt natürlich auch andere Verhandlungssituationen: Aufgrund eines operativen Fehlers sitzen Sie in einer engen Defensivposition. Der Kunde sieht für sich den Moment gekommen, mit exorbitanten Forderungen aus der Position der Stärke und aufgrund Ihres Fehlers stark übertriebene Forderungen abzuleiten. Diese werden eventuell noch mit der Androhung weiterer Konsequenzen für das zukünftige Geschäft gespickt, um den ursprünglichen Maximalforderungskatalog noch stärker anzureichern und damit zur „Minimalforderung“ umzuwandeln! Wie kommen Sie in diesem Fall mit einem gut vertretbarem Ergebnis heraus?

Es könnten an dieser Stelle zahlreiche weitere Beispiele und Erfahrung aller Art vorgestellt werden. Entscheidend ist es, wie durch die zuvor genannten Faktoren Erfahrung, optimale Vorbereitung mit Verhandlungsstrategie und Taktik, Empathie, Intuition und Feingefühl sowie auch das „Glück des Tüchtigen“

gute Ergebnisse in einem engen Preiswettbewerb erzielt wurden. Selbstverständlich muss eingeräumt werden, dass nicht ausnahmslos alle Verhandlungen mit diesen Faktoren zum großen Erfolg führen. Die Häufigkeit und die Wahrscheinlichkeit eines sehr guten Ergebnisses steigen damit jedoch deutlich an. Kleine Unterschiede können im Seriengeschäft mit knappen Margen schon Millionen in Umsatz und Gewinn ausmachen.

In der Automobilbranche geht es indes in der Mehrzahl der Verhandlungen gar nicht um die großen, strategischen Nominierungen neuer Ausschreibungen. An eine Nominierung schließen sich zahlreiche Verhandlungen an. Oft kaum zählbare Änderungsrunden und Modifikationspakete, die durch weitere Veränderungen noch komplexer werden, Ressourcing bestehenden Geschäfts, Prototypen, Werkzeugkosten, Veränderung von Rohstoffkosten, die Weitergabe von Preiserhöhungen eigener Lieferanten oder auch die Geltendmachung lange bestehender offener Forderungen ergeben unzählige Verhandlungen. Sie führen in der Summe zu sehr großen Beiträgen bezüglich Profitabilität oder Verlusten.

Zudem geht es nicht nur um die Durchsetzung von Preisen und anderen Kosten. Ebenfalls entscheidend ist ein zeitgerechtes Cashmanagement. Wie oft sind Forderungen über Jahre offen, die Gegenseite verweigert Zahlungen aus manchmal nachvollziehbaren und öfter auch weniger verständlichen Gründen. Es kommt dazu, dass Forderungen irgendwann zunächst buchhalterisch und später auch ganz real abgeschrieben werden müssen. In diesen Fällen einer gravierenden zeitlichen Verzögerung müssen nach Jahren die Dokumentationen wieder geöffnet werden. Das Personal auf Kundenseite hat gewechselt und lehnt die offenen Punkte der Vor- oder sogar Vorvorgänger ab. Wie holen Sie dann noch die offenen Forderungen herein? Das stellt eine echte Herausforderung dar, wenn Sie, wie in einem konkreten Fall, sechs Jahre alte Forderungen ihres Vor-Vor-Vorgängers verhandeln und gewinnen müssen. Auch das war sogar zu 100 Prozent möglich, aufwändig, aber lohnenswert.

Dann gibt es die Fälle, in denen interne Kostenkalkulationen Ihres Kunden einen vermeintlich hohen Preis bei einzelnen, schon länger laufenden Serienprodukten identifizieren. Sie werden unter Androhung einer neuen Ausschreibung zu Preiszugeständnissen gedrängt. Es gab nicht nur einmal den Fall, dass ein Automobilkunde bei einem Bauteil eines größeren Portfolios entdeckte, dass bei Einzelpositionen der Preis offensichtlich deutlich zu hoch sei im Vergleich zu Vergleichsprodukten und den Kostendaten. Auf der Lieferantenseite war dieses Bauteil mit in der Tat interessanten Gewinnmargen extrem wichtig, um das gesamte Geschäft des Lieferanten auf der Fahrzeugplattform mit dem Automobilhersteller profitabel zu gestalten, da es auch Verlustpositionen gab, die keinesfalls als ultimative Benchmark dienen konnten. Dies bedeutet in der Situation, dass Sie einerseits die Argumentation Ihres Kunden nicht nachhaltig und umfänglich widerlegen können, Sie andererseits aber derartige Profitabilität bei einigen Produkten benötigen, um andere Produkte mit kritischen Ergebnissen auszugleichen. Wie kommen Sie mit einem guten Ergebnis aus dieser schwierigen Preissituation heraus? Wie können Sie die Preiserosion vermeiden, was genau das Ziel der anderen Seite ist? Wie können Sie Ihre Preislinie halten oder Ihre Profitabilität sogar verbessern? Diese Verhandlungen bedürfen eines anderen Vorgehens, als die Preis- und Angebotsverhandlungen bei neuen Projekten und Ausschreibungen.

Wie gehen Sie vor, wenn Rohstoff- oder Chippreise steigen, es dazu aber keine Preisanpassungsklauseln gibt. Sie als Unternehmen kommen auf der gesamten Front unter erheblichen Forderungsdruck auf der anderen Seite, Ihrer Lieferantenseite: Preiserhöhungen oder Abkündigung. Auf der Kundenseite haben Sie Lieferverpflichtungen über Jahre in der Serie und auch noch weit darüber hinaus. Die Margen werden noch enger. Sie brauchen dringend Preisanpassungen auf der Kundenseite, wo sie vehement abgelehnt werden. Gleichzeitig werden Sie an Ihre Lieferverpflichtung erinnert. Wie gehen Sie in diesem Fall vor?

Vor dem Hintergrund dieser Vielzahl von großen und kleinen Verhandlungen muss die Verhandlungskompetenz zwingend eine Kernkompetenz bei Vertrieb und technischer Projektleitung sein. Hier haben noch sehr viele sehr viel Potenzial.

## Gute Margen, wachsender Preisdruck

Jeder Lieferant benötigt bei seinen Kunden im Automobilzuliefermarkt Produkte mit überdurchschnittlichen Margen, um andere Produkte und Projekte mit negativem Betriebserfolg ausgleichen zu können. Die unnachgiebigen, harten Kostenanalysen der Kunden fördern immer wieder die besonders profitablen Produkte ans Tageslicht, so dass ein entsprechender Preisdruck entsteht. Wie kann man in dieser Situation ein gutes Ergebnis erzielen?

Gerade in diesem Moment ist die besondere Verhandlungsstrategie, Verhandlungstaktik und Verhandlungskompetenz des Managers gefragt. Gute Vorbereitung und gute Gesprächsführung sind die entscheidenden Faktoren, neben einem guten Marktverständnis. Zur Vorbereitung gehört es, mehrere Verhandlungsoptionen zu validieren, um dem Kunden verschiedene Angebote für ein Ergebnis in beidseitigem Einvernehmen bieten zu können. Wie schon an anderer Stelle erwähnt, wissen auch die Kunden, dass optimale Vorbereitungen zu allen Verhandlungen die Grundlage des Erfolgs darstellen. Wer ist besser vorbereitet? Wie eröffnen Sie die Verhandlungspartie und wie werden die nachfolgenden Schritte flexibel angepasst? Eine größere Klaviatur der Möglichkeiten gibt mehr Chancen für ein zufriedenstellendes Ergebnis.

So wird der Manager nicht nur für die einzelne Verhandlung, sondern für den gesamten Prozess Strategie und Taktik entwickeln und laufend anpassen. Der Prozess kann sich über mehrere Wochen oder Monate hinziehen. Wann ist Eile geboten, wann unterstützt eine zeitliche Verzögerung?

Wenn bei einzelnen Produkten mit guten Margen durchaus nachvollziehbare Forderungen nach Reduzierungen von 30 oder gar 50 Prozent kommen, wie es erlebt wurde, müssen neue Optionen gefunden werden. Sie müssen einerseits die Profitabilität des Gesamtgeschäfts sichern, andererseits aber auch den Einkauf seinen in dieser Situation benötigten Erfolg bescheren.

Der Autor stellt aus diesen ganz konkreten Situationen und Ergebnissen aufgrund vieler Projekte die Erfahrung, Strategie und Taktik zur Verfügung.

So konnten in derartigen Situationen bei den preissensitiven Gesprächen Ergebnisse erzielt werden, die dennoch bei Projekten über der Laufzeit die Profitabilität sicherten oder sogar einen wichtigen Zusatzgewinn an anderer Stelle ermöglichten. Dabei wurden Preiszugeständnisse an anderer Stelle kompensiert.

In einer anderen Situation mussten zur Fortschreibung der Nominierung als Serienlieferant in einer Faceliftmaßnahme schmerzhafte Preiszugeständnisse gemacht werden. Diese Produkte waren zuvor sehr profitabel geliefert worden. Es war in der nächsten Wettbewerbsausschreibung mit entsprechenden Preisforderungen zu rechnen.

Eine gute Verhandlungsstrategie und Taktik vermag es jedoch, neue Fenster zu öffnen, innerhalb derer zusätzliche Positionen separat verhandelt werden können. Neben einem guten Produkt- und Marktverständnis gehören dazu Fingerspitzengefühl und echte Verhandlungskompetenz, manchmal indes auch das notwendige Glück.

Verhandlungserfahrung, Kompetenz und gegebenenfalls intensives Training mit unmittelbar praktischer Anwendung für Mitarbeiter und Führungskräfte machen sich bezahlt. Der Autor erlebte selbst bei Topmanagern zu schnell leichtfertige, erhebliche Preiszugeständnisse. Verhandlungspartner sollten rechtzeitig erkennen, wann es ratsam ist, weitere Verhandlungen zu vertagen, auch wenn manchmal der schnelle Erfolg vom Topmanagement im eigenen Unternehmen gefordert wird. Der Autor erlebte, wie für den vermeintlichen Wunsch einer schnellen Einigung leichtfertig Zugeständnisse gemacht wurden, die in dem Moment gar nicht zum schnellen Abschluss führen konnten, aber die Einstiegsposition für die nächste Runde leichtfertig verschlechtert hatten.

## Verhandlungen bei kritischen Projekten

In Projekten der großen OEM-Kunden zeigt sich, dass besonders kritische Projektphasen bei den betroffenen Entwicklungsabteilungen dazu führen, dass sich wichtige Gespräche und Freigaben von Änderungskosten durch die kritische Arbeitsstimmung nachteilig in der Verhandlung niederschlagen. Dies beeinflusst unter Umständen die gesamte Profitabilität des anschließenden Seriengeschäfts. Schon geringe Abweichungen im Centbereich in den Änderungsverhandlungen führen zu großen Nachteilen über der Laufzeit.

Der Autor erlebte mehrere Vergaben, bei denen sich die Entwicklungsabteilungen aufgrund aktueller, sehr kritischer Projektsituationen beim Einkauf einer Nominierung zu einem weiteren Geschäft widersetzten. Dies führte dazu, dass der Lieferant deutlich stärkere Preiskonzessionen in der neuen Ausschreibung machen musste, damit der Einkauf diese starken Preisargumente gegen die Empfehlungen der Entwicklungsabteilung ins Feld führen konnte. Diese Situation kann Millionen Euro über der Laufzeit eines Projektes ausmachen, die durch ein starkes Projektmanagement aktueller Kundenprojekte mit ausreichenden Ressourcen leicht vermieden werden könnten. Dies wird die Gesamtprofitabilität und den Umsatz deutlich steigern können, auch wenn der Ressourceneinsatz im aktuellen Projekt zunächst höher ist.

Das Management derartiger kritischer Situationen muss in sehr erfahrener Hand liegen, um frühzeitig gegenzusteuern. Als zusätzliche Anmerkung wird außerdem erinnert, dass heutzutage nicht nur im Vertrieb außerordentlich hohe Verhandlungskompetenz notwendig ist, sondern auch auf Seiten der Projektleiter und Projektmanager. Je nach Struktur, Ausrichtung und Art der Zusammenarbeit zwischen Entwicklungsabteilung und Einkauf werden die Grundlagen für gute Abschlüsse in dem wichtigen Änderungsmanagement in der Zusammenarbeit mit der Entwicklung begründet.

Viele Serienprojekte können nach dem intensiven Wettbewerb in der Ausschreibung vor der Nominierung, die häufig selbst unter optimistischen technischen Annahmen keine Profitabilität mehr ausweisen können, nur durch gutes Änderungsmanagement mit fairen Preisverhandlungen wirtschaftlich in den grünen Bereich gebracht. Verhandlungskompetenz, Erfahrung und eine gewisse Abgeklärtheit machen sich bezahlt. Ein gutes Ergebnis wird sich in den zukünftigen Unternehmensergebnissen niederschlagen, zu denen im Vergleich geringfügig höhere Projektkosten sekundär sind. Selbstverständlich ist dem Autor bewusst, dass auch kurzfristig hohe Ergebniserwartungen immer wieder zu schwierigen Entscheidungssituationen in der Bereitstellung von Ressourcen führen.

## Abgeschriebene Forderungen gewinnen

Der Automobilzuliefermarkt verlangt von Seiten der Kunden lange Fristen, bis umfangreiche Änderungs- und Werkzeugkosten auf den Konten der Zulieferer verbucht werden können. Offene finale Freigaben nach Serienstart und Uneinigkeit bei der Verteilung der Verantwortung von Änderungskosten führen häufig zu hohen offenen Forderungen.

Ein enges Cashmanagement muss in diesem Markt insbesondere mit hoher Verhandlungskompetenz kombiniert werden, um kritische Klärungen und Vereinbarungen zur Kostenübernahme durch Kunden zu erzielen. Erfahrene Verhandler werden auf Basis einer sehr präzisen Dokumentation entlang der gesamten Projektablaufkette immer leichter berechtigte Zusatzaufwendungen zugunsten des Lieferanten abschließen können. Hierbei geht es nicht nur um die erfolgreiche Durchsetzung berechtigter finanzieller Forderungen, sondern insbesondere um schnelle und gute Verhandlungsergebnisse. Schwierige Verhandlungen führen zu verzögerten Zahlungen. Zudem gibt es oftmals administrative Verzögerungen beim Kunden, die sich nachteilig auf den Cashflow auswirken. Erfahrene Verhandler können in allen Situationen deutlich bessere Gewinne erzielen. Dazu gehört auch die Mentalität des „Wadenbeißers mit Empathie", um durch die aktive Verfolgung im persönlichen Kontakt die Hindernisse in der Abwicklung zu identifizieren und aus dem Weg zu räumen.

In einem konkreten Fall waren zum Beispiel erhebliche Forderungen aus den beschriebenen Gründen bei einem Automobilhersteller offen. Erst die Verhandlungserfahrung und konsequente Verfolgung sicherte kurzfristig nach zuvor vielen erfolglosen Verhandlungsjahren den Forderungseingang in voller Höhe. Zuvor waren schon mehrere Kundendirektoren an dieser Aufgabe gescheitert. Allein dieser Forderungseingang überstieg bereits bei Weitem die Kosten der mehr als einjährigen interimistischen Besetzung bei dem Lieferanten. Die Erfahrung aus zahlreichen Projekten und anspruchsvollen Verhandlungen sind beim „Eintreiben“ von Forderungen im wahrsten Sinne des Wortes beinahe „unbezahlbar“.

Ein ähnlich konsequentes Vorgehen hat es auch schon möglich gemacht, berechtigte Preiserhöhungen durchzusetzen, die natürlich zunächst sehr vehement von jedem OEM-Kunden abgelehnt werden.

All dies sind die Hebel, die unmittelbar auf der Profitseite durchschlagen und dadurch einen besonderen Erfolg für Sie darstellen.

## Wer verhandelt erfolgreich?

In diesem Buch können nicht alle Kriterien des erfolgreichen Verhandelns aufgeführt werden, weil sich Intuition und Erfahrung nicht im Schnellkurs oder im Buch erwerben lassen. Man muss sie sich über Jahre erarbeiten oder durch externe Verstärkung gewinnen. Gute Schulung kann diesen Zyklus jedoch deutlich verkürzen – und darum geht es in diesem Buch.

Eine Umfrage unter 340 Führungskräften aus unterschiedlichen Unternehmen verschiedener Branchen in Funktionen wie Vertrieb, Einkauf, Forschung und Entwicklung sowie eine weitere Untersuchung der Vertriebsberatung Huthwaite International unter den 2000 größten Konzernen der Welt zeigten dramatische Ergebnisse (*Harvard Business Manager, 2-2016*). Unternehmen mit einer starken Verhandlungsfähigkeit erzielen deutlich höhere Nettogewinne. 62 Prozent der befragten Führungskräfte in Deutschland fühlten sich für die Übernahme von Verhandlungstätigkeiten nicht ausreichend vorbereitet. Häufig werden Mitarbeiter relativ unbedarft in komplexe Verhandlungssituationen geführt, deren Ergebnisse Millionen Euro in Projekt- und Geschäftsergebnissen ausmachen werden.

Sie erhalten enge Verhandlungsspielräume und den klaren Auftrag zu „gewinnen“. Viele Unternehmen vertrauen darauf, dass entweder ihr Angebot überzeugt, ihre logischen Sachargumente oder auch einfach nur der rechte Preis. Der Autor hat in renommierten Unternehmen schon Manager auf obersten Ebenen erlebt, die fundamentale Irrtümer in ihrer Strategie und Taktik mehrmals wiederholten.

Der frühere Einkaufsleiter eines großen Automobilherstellers räumte in privaten Gesprächen ein, dass er immer wieder überrascht war, wie schlecht vorbereitet Lieferanten in Verhandlungen eintreten. Andererseits war bei diesem großen Automobilhersteller die optimale Verhandlungsvorbereitung eine Toppriorität, bis hin zur Erstellung von Persönlichkeitsprofilen der Gegenseite. Sicherlich liegt unter anderem hierin die Ursache, warum dieser Autohersteller als besonders preissensitiv mit schwachen Margen und hohen finanziellen Außenständen für Lieferanten bekannt ist.

In den zuvor genannten Umfragen waren wichtige Gründe für ein schlechtes Verhandlungsergebnis insbesondere die Marktdominanz und der Verhandlungsstil der Gegenseite. Auf der eigenen Seite waren es vor allem mangelnde Vorbereitungen, schlechte Teambesetzungen und mangelnde Teamarbeit. Dazu kam vielfach die Einschätzung, man habe sich selbst zu ambitionierte Ziele auf der eigenen Seite gesetzt. Unternehmen müssen Mitarbeiter und Führungskräfte nicht nur schulen, sondern dringend umfassende Systeme und Prozesse zum Verhandlungsmanagement aufbauen. Lieferanten haben umfangreich perfektionierte Projekt- und Produktions- bzw. Qualitätssicherungssysteme, aber oft schwache Verhandlungssysteme.

## Verhandlungsvorbereitung und Prozess

Wo liegen Ihre Ziele und wo die Ziele Ihres Verhandlungspartners? Bei neuen Projekten oder neuen Ausschreibungen spielen natürlich die Stärken und Schwächen und die strategische Positionierung Ihrer Wettbewerber eine besondere Rolle. Wie können Sie den Ablauf und die möglichen Verhandlungsausgänge und Optionen beeinflussen? Aktive Chancen können sich sowohl aus einer Erweiterung des Verhandlungsrahmens ergeben als auch durch einen eng gefassten Verhandlungsrahmen. Können Sie durch neue Vorschläge und Innovationen oder durch besondere Optionen den Verhandlungsprozess und das Verhandlungsergebnis maßgeblich beeinflussen? Wo können Sie agieren, wo nur reagieren? Wo verfügen Sie über Hebel zu Ihren Gunsten? Wo bieten Sie echte Vorteile und Stärken, die für die Gegenseite besonders wichtig sind? Welche Verbindungen ergeben sich aus geschäftlichen Zusammenhängen anderer Projekte? Welche Optionen und Interessen haben Ihre Verhandlungspartner? Welchen Einfluss haben andere Stakeholder und welchen der zeitliche Ablauf?

In der Strategieentwicklung geht es zum einen um den Aufbau einer starken Position. Zum anderen kommt es darauf an, den „worst case“ im Gegenstand und im Verhandlungsablauf und Verhandlungsstil gut vorzubereiten. Wo liegen besondere Risiken, wo liegen Ihre Schwächen in der Wahrnehmung des Kunden und im Vergleich zu möglichen Wettbewerbern? Die Erfahrung zeigt, dass viel zu oft leichtfertig mit einer zu geringen Vorbereitung in Verhandlungen eingetreten wird. Verhandlungen betreffen zum allergrößten Teil nicht die große Neuausschreibung einer neuen Serie oder eines besonders wichtigen strategischen Projekts, Verhandlungen betreffen sehr häufig die vermeintlich kleineren Gespräche um Projektabläufe, Prototypen, Preisanpassungen, Kosten von Änderungen, Zahlungsverzögerungen offener Posten, die ganz erheblich die Profitabilität und den Cashflow des Gesamtgeschäfts beeinflussen.

## Stakeholder der Verhandlungen

Die Vorbereitung auf den gesamten Prozess ist von entscheidender Bedeutung. Häufig konzentrieren sich Verhandler zu wenig auf den vollständigen Prozess und haben vor allem Inhalte, Angebote und mögliche Zugeständnisse und Grenzen im Fokus.

Eine Verhandlung startet lange, bevor man sich zusammensetzt. Dass bedeutet, dass zum einen bereits gute Verbindungen mit den Verhandlungspartnern aufgebaut werden, zum zweiten, dass Details des Prozesses im vertrauensvollen Austausch recherchiert werden, und zum dritten, dass alle Stakeholder in die Vorbereitung einbezogen werden. Dies betrifft sowohl die Recherche der verschiedenen Positionen der Stakeholder, ihre Interessen, ihre Position und selbstverständlich alle Details der technischen Zusammenarbeit. Auch der Status des laufenden Geschäfts in der Serie und in der technischen Entwicklung sind wichtig. Welche Erfahrungen und welche Synergien lassen sich gewinnen? Dabei geht es nicht nur um Synergien aus der Produktion, sondern auch um Synergien aus der bestehenden Zusammenarbeit mit vielen Abteilungen und Bereichen.

Verhandlungen werden im Automobilumfeld bei weitem nicht nur mit der Einkaufsabteilung geführt. Technische Entwicklung, Qualität und Logistik sind weitere wichtige Stakeholder. Welchen Einfluss nehmen die verschiedenen Stakeholder im Verhandlungsprozess und in welcher Weise sind sie von dem Verhandlungsergebnis betroffen? Jeder Bereich hat unterschiedliche Prioritäten und Interessen. Wie können Sie diese bestmöglich bedienen? Welchen Einfluss haben die bisherigen Erfahrungen der Stakeholder aus der Zusammenarbeit auf ihr Interesse an einem Verhandlungsergebnis zu ihren Gunsten oder denen des Wettbewerbers?

## Prozessplanung

Welche Verbindungen, Stärken und Vorteile oder Schwachpunkte haben ihre Wettbewerber im Prozess? Insbesondere in globalen Verhandlungen spielen die Machtverhältnisse zwischen den verschiedenen Standorten und Entscheidungszentren der Weltkonzerne und eventuell beteiligter Tochtergesellschaften eine wichtige Rolle. Wo liegen zum Beispiel die Interessen chinesischer oder amerikanischer Tochtergesellschaften im Entscheidungsprozess und in der Zusammenarbeit mit europäischen Konzernzentralen? Welchen Einfluss haben sie und wie können Sie im Vorfeld Einfluss gewinnen? Welche „Hidden Agenda" gibt es? Wo sind Sie besser vernetzt, wo sind Wettbewerber besser vernetzt? Wie ist der zeitliche Ablauf von der ersten Anfrage bis zur Entscheidung? Ist der Zeitplan realistisch oder ist absehbar, dass sich erwartete Entscheidungen verzögern? Es gibt Unternehmen, die sich relativ zuverlässig an ihre vorgegebenen Zeiten und Sourcingpläne halten, während andere Unternehmen diese etwa im Interesse von noch weiteren zusätzlichen Preisverhandlungen oder auch aufgrund interner Konstellationen und Uneinigkeit verschiedener Gesellschaften oder Abteilungen häufig nicht einhalten. Alle diese Details sind in der Planung des Verhandlungsprozesses sehr wichtig.

## Vorgespräche

In der Prozessplanung spielt die Einbindung der Entscheidungsträger und Vorgesetzten eine wesentliche Rolle. Wann ist es wirklich hilfreich, Ihre wichtigen Entscheidungsträger direkt in Verhandlungen einzubinden, wann ist es besser, Verhandlungen auf den Arbeitsebenen zu führen? Wo sind Verhandlungsteams oder Einzelverhandler günstiger?

In den globalen Verhandlungen über Kontinente zwischen Konzernzentrale und Tochtergesellschaften spielen auch Verhandlungskontext und Verhandlungskultur eine wichtige Rolle.

Auf jeden Fall sollen in den Vorgesprächen Vereinbarungen über den Verhandlungsprozess mit der anderen Seite erzielt und auch immer wieder bestätigt werden. Hier geht es darum, welche Stakeholder direkt oder indirekt an den Verhandlungen beteiligt sein werden. Finden Sie die verschiedenen Interessenslagen anderer Stakeholder in persönlichen Gesprächen heraus, zu denen Sie ein gutes Verhältnis aufbauen können.

Hinzu kommt die Bedeutung weiterer Kontaktpersonen im Unternehmen, die zwar wenig Einfluss auf das Verhandlungsergebnis haben, jedoch gegebenenfalls wichtige Informationsquellen sein können. Diese Kontakte vervollständigen Ihr Netzwerk, das Sie im Unternehmen ihrer Geschäftspartner aufgebaut haben. Da heutzutage teilweise ganz bewusst Personal im Einkauf häufig rotiert, um den Aufbau von Interessensnetzwerken kundenseitig zu vermeiden, ist die Fähigkeit, schnell neue Kontaktpartner zu identifizieren und mit ihnen in einen guten Austausch zu kommen, wichtig. Die Halbwertzeit „historischer Netzwerke“ wird immer kürzer. Während in früheren Zeiten gut eingeführte Manager bei Kunden noch wirkliche Vorteile bewirken konnten, ist heute die aktuelle Gesprächs-, Verhandlungs- und Fachkompetenz entscheidend.

## Vorbereitung mit einer Verhandlungskampagne

In der internen Vorbereitung werden schon Monate vor dem Eintritt in die Verhandlungsrunden größerer Ausschreibungen die Einflüsse der Stakeholder mit entsprechenden Gesprächen eingeplant. Hierzu müssen in der alltäglichen Zusammenarbeit in anderen Projekten Zuverlässigkeit und Kompetenz auf dem Gebiet der jeweiligen Stakeholder in der Zusammenarbeit gezeigt werden. Während der Einkauf ein besonderes Interesse im Erzielen möglichst günstiger Preise und Konditionen hat, haben andere Fachabteilungen Ihres Kunden ganz andere Interessen. Stärken Sie Ihre Position auf genau diesen Gebieten.

Daraus ergibt sich, dass es sich bei absehbaren Verhandlungen anbietet, eine umfassende Verhandlungskampagne zu entwickeln. Wie können Sie alle Parteien durch entsprechende Gesprächsplanung in einfachere Gesprächs- oder Verhandlungsrunden aufteilen? Wie sind die Abhängigkeiten zwischen den einzelnen Parteien und wie beeinflussen sie sich? Daraus ergibt sich wiederum, ob sie Gespräche mit den verschiedenen Parteien eher diskret oder sehr offensichtlich führen. Wann ist der richtige Zeitpunkt die verschiedenen Interessenslagen zusammenzuführen? Wo ist auf der anderen Seite das Risiko, dass die verschiedenen Stakeholder sich wiederum gegen Ihre Interessen vereinigen?

Es geht zudem darum, eine gute Reihenfolge der Gespräche zu planen. Schon allein durch die Festlegung der Reihenfolge können Sie wichtige Signale aussenden. Wie verwerten Sie die Signale, die Sie aus den verschiedenen Gesprächen gewinnen? Gespräche werden sowohl formal auf verschiedenen Managementebenen geführt wie auch informell. Können Ihre Ingenieure auch spontane Treffen beispielsweise in der technischen Entwicklung nutzen, um weitere Puzzlesteine zum Gesamterfolg hinzuzufügen? Eine derartige Verhandlungskampagne wird im Verlauf kontinuierlich angepasst werden.

## Zeit – wie können Sie sie nutzen?

Die Verhandlungsführung erstreckt sich im Automobilgeschäft meistens über Wochen oder Monate. Dies gilt sowohl bei der Betrachtung von neuen Projektvergaben, Neuausschreibungen, wichtigen Änderungen im Zuge von Facelifts als auch den detaillierten, zahlreichen Änderungsverhandlungen im Laufe einer technischen Entwicklung.

Hierbei ist es wichtig, den Faktor Zeit zu bewerten. Es gibt Situationen, in denen ein schneller Abschluss hilfreich ist, und andere, in denen sich eine Verzögerung zu Ihren Gunsten auswirken kann. Die obere Unternehmensführung hat häufig Interesse, schnell zu einem Abschluss zu kommen, um Erfolge berichten zu können. Manchmal ist dies jedoch ungünstig für ein Verhandlungsergebnis. Wann spielt die Zeit für Sie, wann spielt sie gegen Sie? Hier braucht es innerhalb eines Unternehmens Transparenz beim Verhandlungsprozess, der Strategie und der Taktik, um eine optimale Lösung zu finden. Sie kann sich betreffs der zeitlichen Planung im Verlauf von Verhandlungen sogar ändern. Nutzen Sie also im Rahmen Ihrer Möglichkeiten die Chance der zeitlichen Gestaltung des Prozesses.

Wirksam ist die Taktik auf Zeit zu spielen, wenn die andere Seite zunehmend unter Zeitdruck steht. Hierbei kann man gewinnen, indem man vermeidet in Erscheinung zu treten, so dass die andere Seite glaubt, es geschieht nichts oder es läuft gegen ihn und nervös wird. Wenn beide Seiten nichts tun, wird das Problem wahrscheinlich nicht dringend sein, wenn eine Seite jedoch nervös wird, unternimmt sie leicht etwas und begeht dabei Fehler bzw. wird unter Druck zumindest verhandlungsbereit. Zum erfolgreichen Verhandeln gehört Zeit bzw. die richtige Zeitnutzung.

## Womit Sie rechnen müssen

Des Weiteren gehört es zu einer guten Verhandlungsvorbereitung, sich auch mit eventuellen unlauteren Taktiken der Gegenseite zu beschäftigen und in der konkreten Verhandlung darauf vorbereitet zu sein. Rechnen Sie pessimistisch mit starkem, auch manchmal unlauterem Gegenwind, auf den Sie sich mit entsprechender Strategie und Taktik gut vorbereiten.

Nichtsdestotrotz – das Zitat des preußischen Strategen Graf von Moltke ist bekannt, dass eine Strategieplanung nur bis zur ersten Berührung mit der Gegenseite gültig ist. Dies bedeutet, dass Sie aus einer Vielzahl von Verhandlungsoptionen in der Strategie, in der Taktik, in konkreten Lösungsoptionen, aber auch in ihren Verhaltensoptionen über ein reichhaltiges Wahlangebot verfügen, um schließlich individuell je nach Lage zu reagieren. Hierin liegt in vielen Fällen ein erhebliches Wertschöpfungspotenzial zum Erzielen besserer Verhandlungsergebnisse.

Zudem gilt es ein Auge darauf zu werfen, inwieweit der Verlauf von Verhandlungen durch neue Optionen verändert werden kann, aus denen Sie besondere Vorteile auch im Vergleich zu Wettbewerbern und bei Ihren Kunden ziehen.

## Die Verhandlung

Der Start eines Verhandlungsgesprächs beginnt mit der Schaffung positiver Atmosphäre mit angenehmen Small-talk, um eine persönliche Verbindung zu entwickeln. Je nach Persönlichkeitsprofil der Teilnehmer kommt diesem Schritt unterschiedliche Bedeutung zu. Wenn es zu Verhandlungen über elektronische Medien kommt, zeigt sich, dass Videoverhandlungen die Chance auf bessere Ergebnisse im Vergleich bieten. Persönliche Verhandlungen bieten indes die besten Chancen zur Entwicklung einer positiven, freundlichen Gesprächsatmosphäre mit entsprechend gutem Ablauf und besseren Resultate.

## Die richtigen Optionen

Nachdem Sie den Prozess perfekt vorbereitet haben, geht es um die konkreten Verhandlungen. Untersuchungen zeigen, dass das Erreichen eines optimalen Ergebnisses oft daran scheitert, Prioritäten und Bedürfnisse der Verhandlungspartner nicht vollumfänglich verstanden und bewertet zu haben. Mit welchen Zielen und Interessen geht die andere Partei in die Verhandlung? Was sind die Bedürfnisse und Prioritäten der anderen Seite in einem Paket von Einzelpunkten? Haben Sie diese genau bewertet, mit Chancen, Risiken und Alternativen? Es ist entscheidend, eine Vielzahl möglicher Optionen vorzubereiten. Sie werden sicherlich die wichtigsten Entscheidungskriterien ihres Kunden bereits kennen. Dennoch zeigt sich in B2B-Verhandlungen immer wieder, dass dank einer großen Varianz von möglichen Ergebnissen am Ende ein in der Summe deutlich besseres Ergebnis erzielt werden kann, als bei einer Fokussierung auf die vermeintlichen zwei oder drei Topkriterien bzw. Topoptionen.

Gerade wichtige Unterschiede in Verhandlungen zwischen den verschiedenen Positionen und Optionen können zusätzliches Wertschöpfungspotenzial zu einer guten Lösung bereitstellen. Wie können Sie Ihr Angebot strukturieren und verbessern, ohne bei den Preisen nachgeben zu müssen, um die eigenen Verhandlungsalternativen aufzuwerten? Bringen Sie aus der zuvor entwickelten Verhandlungsstrategie die Optionen passend zum Verhandlungsablauf und Stil ein.

## Reden ist Bronze

Eines der wichtigen, besonders hilfreichen und zugleich viel zu selten angewandten Elemente erfolgreicher Verhandlungen folgt aus den Basisfehlern: zu viel reden, zu wenige Fragen, zu ungenaues Zuhören!

Es ist stets zu empfehlen, in Verhandlungen darauf aus zu sein, Widersprüche zu entdecken: die andere Seite reden lassen, auf Widersprüche warten. Es ist in der Regel nur eine Frage der Zeit, bis Sie Aussagen erhalten, die Sie auch für Ihre Position nutzen können, nämlich durch den tieferen Einblick in die Position Ihres Gegenübers. Sollten Sie zu viel reden, laufen Sie jedoch Gefahr, sich in Widersprüche zu anderen Aussagen zu verwickeln. Das ist der Moment, in dem Ihr Gegenüber dies vielleicht sogar nutzen könnte, um das Klima aufzuheizen, wenn er das wünscht, indem er scheinbar in Verärgerung gerät. Geben Sie dem Gesprächsteilnehmer mit offenen Fragen einen weiten Raum, sodass sich sein Redeanteil erhöht und unterbrechen Sie seinen Redefluss nicht. Lediglich, wenn es der anderen Seite offensichtlich darum geht, ohne einen potenziell interessanten Beitrag nur Zeit zu gewinnen, sollten Sie einhaken.

Zuviel reden betrifft nicht nur das Verhandlungsthema selbst. Zuviel reden kann auch schädlich sein, wenn der Kontrahent dadurch Einblicke in das Wesen sowie die Denkhaltungen, Stärken und Schwächen seines Gegenübers gewinnt.

So können zum Beispiel in anderem Zusammenhang erkannte Schwächen wie Erfolgszwang oder Stärken wie Fachwissen oder Machtmotive für Ziele ausgenutzt werden. Dies kann beispielsweise dazu führen, von fachlichen Auseinandersetzungen Abstand zu nehmen und stattdessen Verfahrensfragen in den Vordergrund zu stellen, die auf der Basis des Erfolgszwangs der Gegenseite spielen. Beispielsweise: schneller Abschluss, niedriger Preis!

## Zeitmanagement in der Verhandlung

Wichtig ist die zeitliche Einteilung in der konkreten Verhandlung selbst. So kann es günstig sein, eine Verhandlung zurückhaltend und behutsam zu beginnen, später aggressiver und unabhängiger zu werden, um sich rechtzeitig zum Ende der Verhandlung zu einem freundlichen Verhandlungspartner zu entwickeln, mit dem man reden und Vertrauen aufbauen kann. Wo wird dieses Zeitspiel taktisch gegen Sie eingesetzt? Welchen Nutzen können Sie daraus ziehen?

Wenn man in einer konkreten Verhandlungssituation sitzt, kann man den Zeitdruck steigern, indem man die wichtigsten Streitpunkte an das Ende der Verhandlung legt. So können Sie vielleicht nicht mehr am gleichen Tag gelöst werden, und man gewinnt eine Verzögerung und Vertagung. Wann können Sie dies zu ihren Gunsten einsetzen, wann setzt das die Gegenseite gegen Ihre Interessen ein? Wie können Sie reagieren? Versuchen Sie in diesem Fall aktiv Einfluss zu nehmen auf den weiteren zeitlichen Verlauf und verhandeln Sie auch diesen Ablauf.

## Die richtigen Fragen zum richtigen Zeitpunkt

Die richtigen Fragen zum richtigen Zeitpunkt zu stellen ist eine starke Waffe und stellt eine ebenso gute Verteidigung dar: Wer fragt, der führt. Wenn Verhandlungen in einer schwierigen Situation sind, helfen geschickte, kurze, knappe aber eindeutige und richtige Fragen, die Verhandlung wieder in die Richtung einer fairen Diskussion zu bringen. Fragen sind auch deshalb machtvoll, weil sie den Fokus des Anderen lenken können, da dieser sich für diese Zeit auf eine entsprechende Antwort konzentriert.

Entscheidend in der Fragetechnik ist es, die richtigen Fragen zum richtigen Zeitpunkt zu stellen, und anschließend mit Geduld zuzuhören. Bei der Fragetechnik geht es darum, Fragen zu stellen, nicht darum, die eigene Meinung darzustellen. Insbesondere muss eine Situation des Verhörs vermieden werden.

Es ist bewusst keine aggressive Version der Fragetechnik gemeint, die manche Verhandlungspartner nutzen, um die Gegenseite aus dem Fluss und Konzept in eine Defensivposition zu bringen. Hierauf wird noch separat eingegangen, auch unter dem Aspekt, wie Sie sich in einer solchen Situation wehren können.

## Emotion in Verhandlungen – wieviel darf es sein?

Stress in Verhandlungen entsteht vor allem aus drei Gründen:

- mangelnde Kontrolle im Ablauf des Prozesses und Ergebnissen,
- zahlreiche Unwägbarkeiten aufgrund der vielen Aspekte, die sich nicht vorhersehen lassen: Wie kooperativ oder konfliktbereit wird sich die andere Seite verhalten?
- fehlendes, glaubwürdiges Feedback; Unsicherheit mit erheblichen Zweifeln über das tatsächlich zu erreichende Ergebnis tragen weiter erheblich dazu bei.

Die potenzielle Belastung der persönlichen Beziehung und das Gefühl einer erheblichen Verletzbarkeit spielen ebenfalls eine Rolle.

Ein weiterer wichtiger Faktor in Verhandlungen ist der Bereich der Emotion. Insbesondere Verhandlungsführer von Lieferanten, die sich in starker Abhängigkeit von einem oder einigen wenigen Automobilherstellern befinden, werden zu oft von Angstemotionen in Verhandlungen geführt. Dies ist nachvollziehbar, wenn es um einen sehr wichtigen Anteil des Gesamtgeschäfts oder große Preisforderungen geht. Dennoch ist diese Angst ein ganz schlechter Ratgeber, von dem man sich freimachen muss. Dies stärkt nicht nur Ihre persönliche Position im Gespräch, sondern bietet Ihnen mehr Handlungsoptionen. Der Autor hat schon mehrere hochrangige Manager in den Verhandlungen erlebt, die offensichtlich von erheblichen Angstemotionen getrieben waren, deshalb große Zugeständnisse sehr voreilig machten – und dennoch keinen Abschluss erzielten. Die Position in der nächsten Runde war jedoch deutlich geschwächt. Warum sollte der Verhandlungspartner bei so viel Angst abschließen? Die sichtbaren Ängste werden noch weitere Ansatzpunkte bieten! Der geschulte Verhandlungspartner wird das sehr genau wahrnehmen und zu seinen Gunsten verwenden.

Untersuchungen von Verhandlungsergebnissen zeigen, dass der Faktor einer gefühlten Angst erheblichen Einfluss auf die Qualität der Ergebnisse hat. Ängstliche Verhandlungspartner starteten mit geringeren Erwartungen, machten weniger ambitionierte Startangebote, gingen schneller auf Vorschläge der Gegenseite ein und erzielten insgesamt schlechtere Ergebnisse.

Wenn der Druck noch größer, die Situation noch schwieriger wird, nutzen Sie psychologische Trigger zur bewussten Stärkung ihrer inneren Positionierung. Die Eröffnung neuer Verhandlungs- und Gesprächsoptionen oder eine modifizierte Angebotsstrukturierung bieten neue Wege.

In den konkreten Verhandlungen selber gelingt es häufig, den eigenen emotionalen Zustand durch Kleinigkeiten zu stabilisieren: bewusste Pausen, Themenwechsel, Fokusänderung von Details auf allgemeine Aspekte. Verhandlungen sind nicht nur faktengeprägt. Respekt, Macht, Identität und Emotion stellen ebenso wesentliche Faktoren dar.

Es ist wichtig, sich trotz des eigenen Drucks eines guten Verhandlungsergebnisse vor Augen zu führen, welche Risiken und Alternativen die andere Verhandlungsseite hat. Untersuchungen zeigen, wer sich darauf konzentriert, was das Verfehlen einer Einigung für einen selbst bedeutet, erzielt schlechtere Ergebnisse als jemand mit dem Fokus darauf, welche Konsequenzen ein Scheitern der Verhandlung für die andere Partei bedeutet. Wo liegen die Interessen Ihrer Gegenseite, was riskieren sie bei einem ungünstigen Ablauf. Was bedeutet es für Ihren Verhandlungspartner, auch intern in seiner Organisation, wenn er nicht zu einem guten Ergebnis kommt, das die Interessen der anderen Stakeholder abbildet? Schon die Betrachtung allein kann die Perspektive ändern. Der Fokus wird auf eine kollaborative Verhandlungslösung gelenkt, anstelle der Betrachtung des einseitigen, potenziellen Verlustes.

Der bewusste Umgang und die Entwicklung von angepassten Optionen gehört in den Bereich guter Verhandlungsvorbereitung. Die Bedeutung der nonverbalen Zeichen im Auftreten und in der Gestik wird oft unterschätzt. Die Ausstrahlung von Souveränität mit einem jedoch unbedingt sympathischen Niveau und einer gewisser Dominanz in Verhandlungen wird von der inneren Einstellung und Erwartung geprägt.

Die mentale Vorbereitung auf die unmittelbar bevorstehenden Gespräche beeinflusst den Verlauf von Verhandlungen erheblich. Es ist wichtig, sich in einen ruhigen, aufmerksam aktiven, geduldigen und dennoch kreativen Zustand zu versetzen.

Es geht im konkreten Gespräch kontinuierlich um den Aufbau und das Monitoring der persönlichen Beziehungen. Messungen am MIT Lab (Prof. Alex Pentland, in K. Leary et al. *Feilschen mit Gefühl*, *Harvard Business Manager* Mai 2013, S. 30) zeichnen Lautstärke, Stimmlage, Tempo der Äußerungen, Ablauf und Körperbewegungen der Beteiligten und Position der Verhandlungspartner zueinander mit entsprechenden Sensoren auf. Allein aufgrund der Datenaufnahmen der ersten Gesprächsminuten konnten in Verhandlungen äußerst treffsichere Prognosen abgegeben werden, ob sich die Verhandlungsparteien am Ende einigen würden und wie sie im Laufe der Verhandlung das Ergebnis durch kreative Lösungsentwicklung verbessern können. Es zeigt sich: Das Gespür für den emotionalen Zustand der Verhandlungspartner und der Einfluss der eigenen Einstellung haben einen messbaren Einfluss auf die Verhandlungsergebnisse.

Die eigenen Emotionen werden mit persönlichen Mitteln wie zum Beispiel positiven Erfolgserlebnissen aus positiven Ergebnissen und Erfahrungen, der Vorstellung des eigenen Erfolgs und einer sicheren Position bis hin zu den Möglichkeiten der Meditation beeinflusst. Dazu gehört unter Stress eine Konzentration auf eine ruhige und gute Atemtechnik. In diesen Situationen beeinflusst der Einsatz der eigenen Körperposition den emotionalen Zustand. Wie sitzen oder stehen Sie, können Sie Ihre Körperposition bewusst verändern, indem Sie sich zum Beispiel im Moment der Wut oder der Angst zunächst zurücklehnen oder Ihre Position relativ zu Ihren Gesprächspartnern verändern. In den Momenten der Pause nutzen Sie die Chance, sich in einem Zustand von Ausgeglichenheit, Energie und dem Widerstand gegen starke Gefühle zu versetzen. Es gibt mentale Techniken, die nachweislich Ihren inneren Zustand schnell und erheblich verändern. Es gibt Techniken, wie Sie auf eine nonverbale Weise Einfluss auf Ihren Verhandlungspartner ausüben. Alle diese Techniken lassen sich erlernen und üben. Die genannten Ergebnisse am MIT belegen es.

In der Erarbeitung positiver Verhaltenschancen werden negative Erfahrungen aus ähnlichen Verhandlungen umgeleitet in die Erfahrung und Nutzung zu positiven Lernerfahrungen. In kritischen Situationen kann es auch hilfreich sein, anders zu reagieren, als es der Verhandlungspartner erwartet. Sie werden Gesprächsstrukturen nicht mehr zulassen, die sich in der Vergangenheit als nachteilig erwiesen haben. Stattdessen suchen Sie einen neuen Weg, um Ihren Gesprächspartnern aus seiner eigenen Komfortzone zu locken.

Sollten Sie die Chance haben, den Verhandlungsort zu bestimmen oder zumindest zu beeinflussen, ist nachweislich das eigene Büro oder zumindest ein neutraler Ort sehr hilfreich, um auf Augenhöhe zu verhandeln.

Verhandeln auf Augenhöhe meint auch, dem Aufbau von Druckszenarien entgegenzuwirken. Sie werden unterstreichen, dass das Verhandlungsergebnis für beide Seiten gleichermaßen von Bedeutung ist. Gerade im Machtspiel mit großen Automobilherstellern ist dies auf Seiten der mittelständischen Lieferanten von Wichtigkeit.

## Verhandlungsgrenzen realistisch, glaubhaft, wichtig

Zur Verhandlung gehört die Vorbereitung und Definition eigener klarer, fairer Preis- und anderer Verhandlungsgrenzen bei denen der Ausstieg festgelegt wird. Es ist fundamental wichtig, in den Geschäftsbeziehungen und in den Verhandlungen ein Verhältnis zu gewinnen, in dem es nicht zum Gefühl der Abhängigkeit kommt. Langfristig erfolgreiche Unternehmen zeigen in jeder Position Selbstbewusstsein und akzeptieren keine einseitige Defensivposition. Ein Abbruch des Verhandlungsgesprächs muss nicht immer der totale Ausstieg sein. Welche Optionen könnten Sie entwickeln, um die Verhandlung unter veränderten Optionen erneut zu führen?

Manchmal kann es im Gespräch hilfreich sein, den Spieß überzogener Forderungen umzudrehen, um dabei den Gesprächspartner zum einen aufzuzeigen, in welchem weit entfernten Rahmen er sich bewegt, oder andererseits zumindest, um neue Zahlen als neuen Anker in das Gespräch einzuführen. Wird Ihre Position mit Entrüstung abgelehnt, ist der Moment gekommen, auf der Metaebene über den Sinn von außergewöhnlichen Verhandlungsforderungen zu sprechen. Es ist der Moment, um neue Optionen aus ihrem vorbereiteten Verhandlungsoptionen einzuführen. Was wäre die Alternative in der klassischen Taktik des Feilschens? Möchten Sie der überzogenen Forderung zur Hälfte nachkommen, um dann zu hören, dass man auf diesem Niveau einfach nicht zusammenkommen kann? Wenn Sie dieser Taktik folgen müssen, ist die bewusst hypothetisch vorab gestellte Frage hilfreich, ob denn bei einem weitestgehenden Entgegenkommen alle Forderungen ihres Gegenübers für den Abschluss erfüllt wären. Erwähnen Sie dabei nicht die konkret genannte Zahl, sondern eher einen ungefähre Orientierung, in dem Sinne: „Wenn wir uns jetzt bei diesem schwierigen Punkt einig werden, wären alle ihre Forderungen für eine Beauftragung erfüllt, stimmt‘s?“

Selbstverständlich werden Sie für den Fall einer positiven Aussage diese durch eine nochmalige Frage der Überprüfung bzw. ihre Wiederholung bestätigen, damit die richtigen, maximalen Grenzblöcke ohne Raum für weitere Forderungen eingeschlagen werden. Sollte der Kunde dazu keine verlässliche Aussage treffen, werden Sie entweder neue Verhandlungsoptionen ins Gespräch führen oder andere zuvor besprochenen Wünsche des Kunden wieder zurückstellen. Das vergrößert wiederum das

Verhandlungspaket. Wichtig ist es, diese hypothetische Fragetechnik erst in einem weit fortgeschrittenen Stadium der Verhandlung einzuführen, wenn die meisten Punkte zur Zufriedenheit geklärt sind.

Werden an Sie selbst hypothetische Fragen der Gegenseite gestellt, gilt es, sehr aufmerksam mit den eigenen Aussagen umzugehen. Insbesondere ist darauf zu achten, dass gegebenenfalls nur der Gesamtfall bestätigt wird, so dass nicht die günstigen Konditionen einseitig herausgezogen werden, aber die Restbedingungen nicht erfüllt werden.

## Die Gesprächstaktiken

In der konkreten Verhandlung geht es unter Beachtung der eigenen Minimal- und Maximalziele darum, den Baukasten der verschiedenen Optionen bestmöglich zu nutzen. Wo können Sie nachgeben, welches sind wichtige Punkte ihres Verhandlungspartners? Bei welchen Punkten können Sie eine harte Position ihres Verhandlungspartners feststellen, welche Aspekte erwecken den Eindruck, leichter verhandelbar zu sein. Welche Punkte sind für Sie nicht verhandelbar, welche Punkte sind für Sie selbst zumindest scheinbar nicht verhandelbar, welche verteidigen Sie hart – und könnten dennoch nachgeben? Können Sie dadurch Ihrem Verhandlungspartner ein starkes Entgegenkommen signalisieren gegen schwierige Zugeständnisse der Gegenseite? Bei welchen Punkten können Sie leichter nachgeben und einfache Zugeständnisse machen, auch wenn Sie natürlich bei diesen Punkten angemessen hart verhandeln werden, um im Gegenzug wichtige Zugeständnisse zu erreichen. Wie können Sie den Fokus des Verhandlungspartners beeinflussen und steuern, sodass Sie ihre Wunschpositionen und möglichen Punkte der Zugeständnisse in das Blickfeld rücken.

Konzentrieren Sie sich auf Aussagen und Details und reflektieren Sie diese kritisch. Gesprächspartner verraten sich oft durch unbewusste, scheinbar weniger wichtige Äußerungen an anderer Stelle, aus denen wertvolle Erkenntnisse oder Chancen durch Widersprüche gewonnen werden können.

Gute Verhandler vermeiden Antworten auf direkte, aber nicht gewünschte Fragen, indem sie stattdessen auf die Frage antworten, die sie sich tatsächlich gewünscht hätten. Derartige Ausweichmanöver mit oft wortgewaltigen Statements entgehen sogar trainierten Moderatoren. Daher ist es auf der Gegenseite wichtig, an die genaue Fragestellung zu erinnern, die unter der wortgewaltigen vorherigen Ausführung des Gegenübers nicht verloren gehen darf. Hat die soeben gegebene Antwort wirklich die Frage beantwortet? Im Umkehrschluss ist es natürlich hilfreich, wenn man selbst die Taktik ausweichender Antworten nutzt und durch Ablenkung den Fokus auf andere Aspekte richtet.

Was ist für Ihre Verhandlung erfolgreicher, die Verhandlung im Team oder die Einzelverhandlung? Untersuchungen zeigen, dass im Durchschnitt Verhandlungen in Gruppen zu besseren wirtschaftlichen Ergebnissen führen. Laboruntersuchungen unter Berücksichtigung der sozialen Prozesse und Qualität in der Verhandlung und in Verhandlungsergebnissen über typische Verhandlungspunkte wie Preise, Liefer- und Lieferbedingungen sowie Produktspezifikationen mit verschiedenen Verhandlungspaketen zeigen im Durchschnitt zunächst bessere Ergebnisse für Verhandlungsteams. Diese bestanden aus Dreiergruppen, im Gegensatz zum Vergleich der anderen Verhandlungskonstellationen mit Einzelpersonen. Es zeigte sich jedoch in diesen Untersuchungen, dass Teams kein besseres Verhandlungsergebnis erzielten als die *besten* Einzelverhandler.

Die Teamverhandlungen reduzierten lediglich die Gefahr eines besonders schlechten Ergebnisses. Die Teamverhandlungen waren jedoch negativ für die Beziehungsentwicklung in der Verhandlung. Es entstand höherer Stress durch soziale Gruppenprozesse, in denen die Mitglieder jeweils positiv erscheinen wollten und es vermieden, als erste der Gruppe Zugeständnisse zu machen. Die Wettbewerbssituation führte zu härteren Auseinandersetzungen. Das führte auch dazu, dass die jeweilige Gegenseite die Verhandlungsteams im Allgemeinen als weniger vertrauenswürdig bewertete als die Gesprächspartner der Einzelverhandlung. Analoge Ergebnisse wurden auch in weiteren Untersuchungen an der University Utah herausgefunden, in denen es um schwierige Verhandlungsführungen mit Verhandlungsgruppen mit höherem Machtstatus ging. Sie erzielten seltener Einigungen in der Verhandlung als in anderen Konstellationen. Dies galt sowohl in dem Fall, wenn dies Senior-

Führungskräfte eines tatsächlichen Unternehmens waren als auch, wenn Gruppenmitgliedern unter Laborbedingungen in einer zufälligen Verteilung ein höherer Machtstatus verliehen wurde. Auch hierbei traten bei höherem Machtstatus höhere Status- und Prozesskonflikte auf, die zu einer geringeren Wahrscheinlichkeit der Erzielung einer Verhandlungslösung führten. Die Autoren stellen heraus, dass die Erzielung einer Einigung beispielsweise nicht aufgrund einer aggressiveren Verhandlungstaktik oder der Einräumung von weniger Zugeständnissen in der Verhandlung weniger erfolgreich war. (*Goffin, Erfolgsunternehmen – empirisch belegte Wege an die Spitze, S. 472, Springer 2020*).

Daraus kann abgeleitet werden, dass Verhandlungen in Teams nicht angestrebt werden sollten, wenngleich sie im Automobilmarkt oft nicht vermeidbar sind. Im Fall von Teamverhandlungen müssen die Beiträge frei vom Gruppenstatus eingebracht, genutzt und bewertet werden. Die Gruppendynamik im eigenen Team muss genau beobachtet werden mit dem Ziel des bestmöglichen Resultats, unabhängig von den individuellen Beiträgen.

Gruppenverhandlungen sind empfehlenswert, wenn auch die Gegenpartei mit mehreren Personen auftritt oder in schwierigen Fragen im Lauf der Verhandlung Fachwissen und Spezialisten benötigt werden. In anderen Fällen ist jedoch ein alleiniger Verhandler mit großer Erfahrung im Führen schwieriger Verhandlungen empfehlenswert. Dabei sollte der finale Entscheidungsträger nicht an dem Verhandlungstisch sitzen, um die letztendliche Vereinbarung außerhalb der Verhandlung noch einmal genau zu bewerten. Von Seiten der Automobilhersteller werden kaum die entscheidungsbefugten Manager am Verhandlungstisch platziert. Insofern sollten Sie auch dem Wunsch nach entscheidungsbefugten Topmanagern auf Seiten der Lieferanten nur in wenigen Ausnahmefällen nachkommen.

In der persönlichen Erfahrung haben sich unter anderem einfache Taktiken als sehr erfolgreich erwiesen. Lassen Sie der Gegenseite viel Raum zur Darstellung ihrer Position und Argumente. Dies kann nicht nur das Vertrauen stärken, sondern liefert Ihnen auch einen großen Raum von Chancen und Statements, mit deren Hilfe Sie Ihre Positionen begründen oder untermauern können. Nutzen Sie die Macht der Stille und des Schweigens, um ihrem Gesprächspartner zum weiteren Reden zu animieren.

Um unfaire Attacken zu vermeiden kann man im ersten Ansatz dem Verhandlungspartner mit Komplimenten und positiven Äußerungen Anerkennung bieten.

Das Spiel um Information ist machtvoll. Wie können Sie Ihr Wissen nutzen? Wo besteht das Risiko, dass Sie aufgrund gegebenenfalls bewusst unvollständiger Information und Wissenslücken in eine Falle laufen?

Wichtig ist es, in Verhandlungen nicht gleich zu Beginn seine gesamten Informationen zu präsentieren und in ein Gespräch einzubringen, um sich zum Beispiel als vermeintlicher Experte zu positionieren. Die schnelle Präsentation des gesamten Wissens kann nachteilig sein

Macht und Machtdemonstration mit Wissen muss strategisch und taktisch angewandt werden. Wie können Sie Ihr Wissen nutzen, wo nutzt es die Gegenseite, um Sie zu verunsichern? Eine Machtdemonstration könnte es sein, Wissen nur einmal kurz durchblicken zu lassen, um anschließend zum Beispiel wieder zu Fragen überzugehen. Das kann zur Verunsicherung der Gegenseite führen. Ähnlich funktioniert es, mit vorgetäuschten Wissen zu bluffen.

Die richtige Fragestellung verschafft einem auf der anderen Seiten wertvolle Informationen. Häufig geht dies auch mit hypothetischen Fragen, um Interessen der anderen Seite zu ermitteln.

Die Wahl des Konjunktivs bei der Formulierung eigener Vorschläge wie „könnten Sie sich vorstellen, dass..." werden Sie kennen, um sich nicht vorschnell festzulegen. Drohungen des Verhandlungspartners mit dem Gang zum Wettbewerb lassen sich abschwächen mit Aussagen wie „wenn ich Sie richtig verstanden habe, sind sie mit unserem Angebot noch nicht ganz einverstanden ....". Dies kann wieder zu sachlichem Austausch zurückführen.

Standardtaktiken der Verhandlungsführung werden Sie kennen. Deshalb wird in diesem Buch auf vieles nicht noch einmal eingegangen. Bei den im folgenden aufgezeigten Gesprächstaktiken liegt der Fokus darauf, wie Sie sich gegen ggf. auch unfaire Taktik wehren können. Gerade das ist oft die besondere Herausforderung in kritischen Verhandlungen.

## Schwierige Verhandlungstechniken und ihre Abwehr

Aufmerksamkeit und genaue Beobachtung beginnen schon mit dem Zusammentreffen und bei der Begrüßung, manchmal sogar schon vor dem Betreten des Werksgeländes. Wird jemandem eine unvorteilhafte Verhandlungsposition am Tisch zugewiesen, sollte man gegebenenfalls um einen anderen Platz, einen anderen Stuhl, bitten. Die Position der Verhandlung mit Blick auf die Fensterseite und starkem Gegenlicht kann man zum Beispiel entschärfen durch die Bitte die Rollläden herunterzulassen oder sich auf einer anderen Position platzieren zu können. Die Wahl derartiger Mittel gibt ihnen bereits beim Start der Verhandlung Einblick in die Position, die Strategie und die Taktik ihres Gegenübers, sodass sie von Beginn an Ihre Mittel entsprechend anpassen können.

Verhandlungen am Telefon sollte man nur nach entsprechender Terminvereinbarung wahrnehmen, weil Sie ansonsten ein voraussichtlich gut vorbereiteter Gesprächspartner in einer weniger günstigen Position erwischt. Das scheinbar schnelle, spontane Gespräch wird Ihr Gegenüber schon geplant haben.

Das Schaffen von Stresssituationen wie langes Warten, unfreundliches Verhalten, ungünstige Sitzposition ist eine Seite, verbale Angriffe oder zum Beispiel das plötzliche Hinzuziehen von weiteren Personen, welche die andere Seite nicht kennt oder auf die sie nicht vorbereitet ist, kann weitere Unruhe und Unsicherheit verbreiten. In dieses Feld gehört auch die Entgegennahme von Telefongesprächen, das Flüstern mit Kollegen während der Gespräche oder eben das kurzzeitige Verlassen des Raumes unter Vorwänden, um die Gegenseite zu verunsichern.

Zur nächsten Stufe der Verunsicherung gehört es, unwahre Behauptungen in Fragen zu verpacken. Im Fall des deutlichen oder energischen Widerspruchs, wird sich darauf berufen, „nur mal eine Frage" gestellt zu haben. Vorsicht ist geboten, wenn eine Frage zur Behauptung umgestellt wird und die andere Seite damit in einen emotional nachteiligen Zustand versetzt wird.

## Halb- und Unwahrheiten

Studien vergangener Jahre zeigen, dass ungefähr die Hälfte der Verhandlungsteilnehmer nicht davor zurückschrecken, Lügen, Halb- und Unwahrheiten zu platzieren, um sich Vorteile zu verschaffen, selbst wenn dadurch kreative Lösungen verhindert werden.

Rhetorische Elemente sind insbesondere Halbwahrheiten. Wenn Wahrheiten mit Lügen vermischt werden, öffnet das einen Bereich, der häufig noch akzeptiert wird. Halbwahrheiten sind dadurch oft kraftvoller mit stärkerer Auswirkung als eine Lüge.

In diesen Bereich fallen auch dialektische Spiele. Scheinbare Logik wird eingesetzt, indem man aus zwei richtigen Feststellungen eine nur scheinbar richtige Folgerung zieht.

Im Falle eines abgeleiteten Schlusses (Deduktion), wird von einer unzweifelhaft richtigen Aussage auf eine zweite, nur vermeintlich richtige Aussage als logischer Schluss geschlossen. Es ist wichtig, darauf zu achten, ob diese gelegte Fährte wirklich zutreffend ist. Schwierig ist es, Lügen zu identifizieren, wenn sie noch in Schmeichelei verpackt werden.

Der Umgang und die Reaktion mit unwahren Behauptungen ist delikat. Oft können sie im Moment der Darstellung nicht direkt widerlegt werden. Sie werden nämlich in diesem Wissen angewandt. Dies kann zur Irritation eingebracht werden oder auch, um lediglich Zeit zu gewinnen..

Dennoch ist es in Verhandlungen schwierig, Lügen explizit aufzudecken, ohne die Atmosphäre negativ zu beeinflussen. Sollten Sie diese deshalb notgedrungen akzeptieren? Abhilfe schafft es, frühzeitig fundierte Strategien anzuwenden, mit deren Hilfe Lügen in Gesprächen schwieriger werden: Aufbau der Vertrauensbasis, die richtigen Fragen stellen, auf Ausweichmanöver achten bzw. ihnen entgegenzuwirken. Ebenfalls hilfreich ist genaues Zuhören, um Widersprüche zu Aussagen an anderer Stelle gegebenenfalls zu entdecken. Wenn fragwürdige Aussagen in den Raum gestellt werden, können Sie natürlich je nach Situation die Gegenseite darum bitten, weitere Details zum Beleg beizutragen.

**Schaffen einer guten Vertrauensbasis**: Zur Entwicklung des Vertrauens werden Sie die Gemeinsamkeiten und das gemeinsame Ziel betonen. Nutzt eine Seite die Gefühle und Emotionen der anderen aus, werden Ergebnisse wenig nachhaltig sein. Gute Verhandlungen laufen in einer emotional ruhigen Atmosphäre ab, zu deren Entwicklung jede Seite einen aktiven Beitrag leistet. Dazu gehören auf jeden Fall das aktive Zuhören und ausreichend Raum für jede Seite, um die eigenen Standpunkte in Ruhe vortragen zu können. Vertrauensaufbau wird zudem gefördert, indem man das Verständnis für die Positionen der Gegenseite unterstreicht. Weiterhin spielen der Verhandlungsraum, der Verhandlungsrahmen und die Gesprächsführung sowie verbale und nonverbale Signale eine entscheidende Rolle.

Zu jedem der erwähnten Bereiche gibt es eine entsprechende Werkzeugkiste, mit der von Anfang an eine vertrauensvolle Atmosphäre geschaffen werden kann. Darin sind aber auch Mittel enthalten, um in einer schwierigen Verhandlungssituation das Vertrauensverhältnis positiv zu entwickeln.

Nachdem ein solides Grundvertrauen aufgebaut ist, werden im Laufe der Zeit weitere Informationen gegeben, um gemeinsam Lösungen zu entwickeln. Wichtig ist es, systematisch und gezielt die Grundlagen des Vertrauens für die Verhandlung aufzubauen. Eine Verhandlung beginnt nicht mit der Suche nach Lösungen, sondern dem vorausgehenden Aufbau der Vertrauensmaßnahmen. In keinem Fall sollten Verhandlungen zu früh auf einen Punkt geführt werden, an dem man der Gegenseite aufzeigt, dass sie vermeintlich falsch liegt.

Nach dem Start kann der Vertrauensaufbau weiter gefördert werden, indem man beispielsweise dem Gegenüber wichtige strategische Aspekte anvertraut und damit Vertrauen fördert. Wenn dieser Vorstoß nicht aufgenommen wird, kann man dies sofort auf der eignen Seite einstellen und andere Tools der Werkzeugkiste probieren.

**Die richtigen Fragen stellen:** Im Zuge der Behandlung von präsentierten Unwahrheiten wird häufig mit einer Fragetechnik gearbeitet. In vielen Verhandlungen wird nicht bewusst die Unwahrheit erzählt, sondern es werden gekonnt wichtige relevante Fakten verschwiegen.

Wenn Sie Ihren Verhandlungspartner konkret nach Details fragen, können Sie zusätzliche Informationen gewinnen, die Ihre Verhandlungsposition stärken. Ohne konkrete, spezifische Fragen, werden Sie diese Informationen nicht gewinnen.

Ergebnisse von Untersuchungen zeigen, dass Menschen eher die Wahrheit sagen, wenn sie von einer pessimistischen Prämisse aus gefragt werden: „für diese Ausstattung wird es doch sicher bald eine neue Ausschreibung geben, stimmt's?" Diese Form ergibt öfter eine wahrheitsgemäße Antwort als die optimistische Fragestellung: „Für diese Ausstattung ist die aktuelle technische Spezifikation weiterhin gültig, stimmt‘s?" Menschen fällt es einfacher, die Unwahrheit zu sagen, wenn sie eine falsche Behauptung nur bestätigen müssen.

Auf den Bereich der Aufmerksamkeit und des Umgangs mit Ausweichmanövern, die im Bereich der bewussten Unwahrheiten eine Rolle spielen und auf das genaue Zuhören wurde schon an anderer Stelle eingegangen.

## Taktiken gezielter Verunsicherung

Sie müssen in schwierigen Verhandlungen damit rechnen, gezielt verunsichert und verwirrt zu werden.

Dabei werden auch bewusst Unwahrheiten und Täuschung verwendet. Dies wird häufig mit einem bewusst täuschenden Einsatz von Mimik und Körpersprache kombiniert.

Dies kann sich zum Beispiel so abspielen, dass der Einkauf den Lieferanten erst außerordentlich freundlich und mit interessierten Gesprächen über andere Aspekte als den Gegenstand der Verhandlung freundlich empfängt. Man lässt sich vielleicht sogar neue interessante Produkte vorstellen.

Wenn es dann zu der eigentlichen Thematik kommt, wird der Einkäufer langsam aber stetig sein bis zuletzt freundliches Auftreten einstellen. Nun wird der Vertriebler mit kritisch düsterer Miene und einer ablehnenden Art konfrontiert. Dies wird eventuell durch die Erwähnung von Problempunkten an anderer Stelle gerechtfertigt. Er wird merken, dass sich die Situation ändert. Wenn es keine Erklärung gibt, fragt er vielleicht sogar nach. Der Einkäufer wird jedoch abblocken und einfach nur auffordern weiterzusprechen. Durch diese Veränderung der Stimmung wird jedoch gezielt Verunsicherung und Nervosität gefördert. Das kann dazu führen, dass er in seinem Einstieg des eigentlichen Kernthemas schon Zugeständnisse einbaut, mit geringeren Forderungen kommt oder einen vorsichtigeren Preis nennt.

## Einsatz gezielter „Informationen“.

Eine weitere Variante stellt das scheinbar zufällig aus Versehen vorliegende Papier mit dem Briefkopf des Wettbewerbers oder zumindest das intensive Prüfen von möglichen Wettbewerberangaben in den eigenen Unterlagen. Dies macht es glaubhafter, dass der Wettbewerber intensive Gespräche führt und in einer guten Position liegt. Es werden mit einem Blick auf diese Unterlagen vermeintlich günstigere Konditionen im Gespräch angedeutet.

## Gegenpositionen aufbauen

Eine weitere Taktik ist es, zu allen Ihren Aussagen gezielt Gegenpositionen aufzubauen. Ziel kann eine gewisse Demoralisierung oder Zermürbung sein. Ihr Verhandlungspartner wird zunächst genau zuhören, um dann Ihre Aussage infrage zu stellen und daraus eine Gegenposition logisch aufzubauen. Beispiele:

„Ist es eigentlich wirklich so, wie Sie das darstellen, denn wir müssen doch bedenken das...“ „Zunächst einmal muss man wissen, dass es...“

„Ihre Darstellungen dazu sind sicherlich sehr interessant, aber wichtiger ist vor allem, dass ...“

„Ihre Darstellung ist sehr interessant, aber die Kernfrage lautet doch....“

„Es bleibt zunächst einmal dahingestellt, ob das zutrifft wie Sie es schildern. Vor allem muss man bedenken...“

Ihr Gegenüber bleibt also freundlich und ruhig, ohne erkennbare Reaktionen wie Kopfschütteln oder Unterbrechen. Er wird im Anschluss dennoch hartnäckig seine Gegenposition aufbauen.

Solch ein Vorgehen ist deutlich einfacher, als sich dagegen zu wehren. Wenn Ihrem Verhandlungspartner zur Aussage nicht direkt etwas Passendes dagegen einfällt, kann er Gegenpositionen einfach auch mit Gegenfragen aufbauen:

„Wie kommen Sie darauf?“

„Warum glauben Sie, ist das so richtig, wie Sie es darstellen?“

In der Folge wird die Gegenposition zu der geäußerten Position in eine logische Verbindung gebracht. Am Ende kann dies mit einer offenen Frage mit durchaus provozierenden Inhalt in den Raum gestellt werden. Beispiel:

„Haben Sie meine Aspekte auch bedacht?“

„Wie kommt es, dass sie diese Position noch nicht gesehen haben?“

„Was glauben Sie, was dabei stärker wiegt und warum?“

In diesem Fall ist es entscheidend, auf den Angriff geschickt zu reagieren und diesen mit einer geschickten Einwandbehandlung abzufangen und zu Ihren Gunsten zurückzuspielen. Gute Techniken der Einwandbehandlung lassen sich von sehr guten Verkäufern lernen.

Wenn diese Taktik immer wieder mit dem Ziel einer gewissen Zermürbung wiederholt wird, kann man das Vorgehen auch ansprechen mit dem Vorschlag, sich auf eine gemeinsame Lösungserarbeitung zu konzentrieren.

## Neutrales Verhalten?

Ziel des scheinbar positiven neutralen Verhaltens ist es häufig, die wahren Absichten zu vernebeln. Eine Person der Gegenseite oder auch generell die andere Seite versucht scheinbar als sachlicher Moderator zu fungieren. Es werden offensichtlich positive verbale und nonverbale Elemente eingesetzt, die jedoch nur dem eigentlichen Ziel dienen, die eigenen Interessen durchzusetzen.

## Unberechenbarkeit

Bei einem unberechenbar negativen Verhalten geht es darum, dass die Gegenseite Verhandlungsfehler macht, indem sie auf der emotionalen Ebene angegriffen wird. Es geht nicht mehr um Fairness oder das Erzielen von Konsens.

Unberechenbar negatives Verhalten wird mit Drohungen hinterlegt. Es werden etwa Tatsachen bestritten. Nach längeren Ausführungen wird beispielsweise mit einem sehr bestimmten, kategorischen „Nein“ geantwortet. Gegebenenfalls hat der Verhandlungspartner zuvor sogar in der vorausgehenden Darstellung scheinbar positive Reaktionen gezeigt und hat das Ende der Ausführung geduldig abgewartet. Dann kommt eine kurze Pause. Es folgt ein klares, hartes „Nein“ und die eigene Position wird kurz und präzise hart präsentiert. Es folgt sofort die alternative Sichtweise. Oder es wird einfach die Meinung des Gesprächspartners infrage gestellt werden: „Das ist doch sehr die Frage, ob das stimmt, was Sie sagen.“ Oder: „Das ist Ihre Auffassung zu dem Sachverhalt?.... Lassen Sie mich einmal eine andere Sache darstellen, um Klarheit zu gewinnen, nämlich die Tatsache, dass.....“

Die Darstellung des Gegenteils kann dadurch erfolgen, dass ein zunächst offensichtlich vernünftiges Argument der anderen Seite in ein Extrem gesteigert wird, sodass es keinen Sinn mehr macht.

Eine weitere Methode besteht darin, aus Vorteilen Nachteile bzw. aus Nachteilen Vorteile zu machen. In diesem Fall ist es angebracht, nicht sofort mit einer starken Gegenposition Druck aufzubauen, sondern zunächst aktiv zuzuhören und die Auffassungen zu überdenken mit Anmerkungen wie: „Wenn ich Sie recht verstanden habe, dann..."

Hiermit vermittelt man dem Anderen das Gefühl einer scheinbaren Sicherheit und des Verständnisses. Anschließend wird das Ganze umgedreht: „Gerade deshalb sollten wir zur Vermeidung von Nachteilen...." Oder: „Das ist genau die Situation, die wir vermeiden müssen, wenn..."

Wirksam ist der Einbau einer Interpretation, indem man die Auffassung des Gesprächspartners scheinbar übersetzt mit Worten wie:

„Mit anderen Worten meinen Sie, dass ...".

„Damit wollen Sie zum Ausdruck bringen ..."

„Praktisch bedeutet das ..."

Dadurch wird entweder die Formulierung angreifbar gemacht oder der Sachverhalt so verändert, dass er angreifbar wird.

## Die falsche Fährte

Beim Legen einer falschen Fährte wird zu Beginn die andere Seite als Partner hofiert. Es wird vielleicht sogar ein besonders faires Gespräch vereinbart und gebeten, alle Taktiken zu vergessen. Anschließend geht es jedoch plötzlich mit der Absicht los, mit gezielten Taktiken zu gewinnen.

Gestartet wird mit vertrauensbildenden Maßnahmen, um den Partner in eine positive Grundhaltung zu bringen.

Wichtig ist es, sich nicht „einwickeln“ zu lassen. Ein typisches Vorgehen ist es, Eitelkeiten zu streicheln und beispielsweise „von Mensch zu Mensch reden“ zu wollen. Entscheidend ist, dass die andere Seite Vertrauen fasst. Sie wird dann einen Verhandlungsspielraum offen legen oder zumindest zu erkennen geben. Eine weitere Version besteht darin, Vorleistungen als vertrauensbildende Maßnahme zu erbringen, damit die Gegenseite in einer positiven Grundhaltung in die Verhandlung kommt. In der Verhandlung wird auf die Vorleistung hingewiesen, und dazu werden Forderungen aufgestellt. Mit diesem Hinweis werden von der anderen Seite Zugeständnisse gefordert. Am Ende steht ein verhandeltes Ergebnis, was jedoch gegebenenfalls wiederum an Dritte delegiert wird, die weitere Punkte nachverhandeln. Es kann auch sein, dass durch das

Weitergeben der Entscheidung auf Zeit gespielt wird, um die andere Seite nervös zu machen und am Ende weitere Nachbesserungen zu erzielen. Daher gilt es, dieses Vorgehen wachsam zu bemerken und es offensiv an geeigneter Stelle anzusprechen – inklusive der Erinnerung an die zu Beginn vermeintlich festgelegte, gemeinsame Vereinbarung.

## Fragetechnik im Angriff abwehren

Bei der aggressiven Version der Fragetechnik muss man sich wehren. Besonders bohrende Fragen der Gegenseite gehören dazu. Hierfür wird zunächst ein gewisser Sachverhalt dargestellt, der von Ihnen auch als zutreffend angenommen wird. Man wägt sich dadurch in einer gewissen Sicherheit. Im weiteren Verlauf wird durch hartnäckig bohrendes Fragen der flüssige und logische Ablauf der Argumentation jedoch gestört. In diesem Fall werden häufig in engen Abständen geschlossene Fragen gestellt, die Sie in die Situation eines Kreuzverhörs bringen können.

Die häufigen, kurzen und knappen Fragen scheinen der befragten Seite die Beweislast zuzuordnen und sollen sie in eine Erklärungs- und Verteidigungsposition bringen. Ist man selbst in dieser Situation, wird man dies zum einen mit kurzen, deutlichen Gegenfragen und Hinweisen zu dieser Taktik abwehren.

Um sich nicht dem Vorwurf der „Beantwortung“ durch Gegenfragen auszusetzen, wird man zunächst ein kurzes Statement allgemeiner Art einfügen.

Zur Verteidigung spielt das Transparentmachen der Methode eine wichtige Rolle. Die Methode wird kritisiert und dann erst mit einem entsprechenden Beitrag auf die Frage geantwortet. Hilfreich sind bereits kurze Statements, die die gestellte Frage selbst in Frage stellen: „Zunächst möchte ich erst einmal dahinstellen, ob das die entscheidende/wichtige/richtige Frage ist“ oder: „Ich würde die Frage etwas anders stellen...“. Oftmals werden in dieser Fragetechnik Vorwürfe verpackt: „In Ihrer Frage liegt ein Vorwurf. Den teile ich nicht...“ und im Weiteren können Sie den Fokus mit Ihrem Statement oder Ihrer anschließenden Frage verschieben.

Sie können den Stakkatofragefluss auch dadurch beeinflussen, indem Sie detailliert nachfragen: „Sie fragten gerade ... Könnten Sie die Grundlage der Frage genauer erläutern. Worauf zielen Sie mit der Frage genau?“ Es werden sich für Sie dabei neue Ansatzpunkte in der Beantwortung ergeben und Sie können im Weiteren ansetzen, den Fokus zu verschieben.

Wenn es selbst auf der Metaebene schwierig wird, sich dagegen zu wehren, weil beispielsweise aufgrund Ihres kritischen Einwurfs zu dieser Art der Fragetechnik Ihr Gegenüber sich auf die Aussage zurückzieht, braucht es dennoch ein Abwehrtool: „Entschuldigung, ich stelle nur einige präzise Fragen, um den

Sachverhalt besser zu verstehen und zu klären! Möchten Sie nicht auch gerne eine transparente Situation darstellen?“

Im Anschluss hilft auf eine solche Aussage die Fragetechnik:

„Nennen Sie mir doch bitte den genaueren Hintergrund Ihrer Fragen. Gerade weil Sie an der Offenlegung und am wahren Sachverhalt interessiert sind, sollten wir etwas differenzierter ins Detail gehen. Dieser Sachverhalt lässt sich nämlich nicht mit einfachen Ja/Nein-Fragen offenlegen. Das entspricht doch auch Ihrer Absicht, stimmt’s?“

So können Sie sich gegen diese Art eines Kreuzverhörs wehren. Das wiederholte Unterbrechen kann ein wirksames Mittel der einen Seite sein, um die Gegenseite zu verunsichern oder in eine Verteidigungsposition zu bringen. Sie führt häufig zu emotionalem Stress.

Wenn Sie durch Fragen gezielt immer wieder unterbrochen werden, ist es wichtig, sich bei der Abwehr vor allen Dingen nicht aus der Ruhe bringen zu lassen mit Hinweisen wie: „Bitte stellen Sie diese Frage noch zurück, ich möchte meine Darstellung im Zusammenhang erst zu Ende bringen.“ Hilfreich ist auch der Hinweis zwischendurch: „Danke für die Frage, ich notiere sie mir, und beantworte sie anschließend.“

Abwehrtechniken können die Zwischenfrage überhören oder übergehen und dabei langsam weiter reden, wobei dann am Ende sogar darauf hingewiesen werden kann: „Ich habe Ihre

Frage zwischendurch bemerkt, lasse mich aber nicht gerne unterbrechen und beantworte Ihre Fragen im Anschluss.“ Auch hierbei kann man zwischendurch natürlich bei wiederholten kurzen Fragen die Taktik offensichtlich machen, sie kurz ansprechen und anmerken, dass man zunächst dort weiter fortfährt, wo man unterbrochen wurde. Gerade wenn dies in einer Verhandlung öfter passiert, wird dabei der Unterbrechende selbst bloßgestellt und er wird seine Taktik in der Regel einstellen.

Im Rahmen dieser Verunsicherungstaktiken werden von der Gegenseite häufig Stilmittel wie „laute Pausen“ gesetzt. In diesem Fall werden Pausen als versteckter Vorwurf genutzt: Ihr Gesprächspartner hört zunächst ruhig und ohne abwehrende Gestik zu, schaut Sie anschließend ernst an und schweigt so lange, bis Sie sich gedrängt fühlen, etwas zu sagen. Es ist wichtig, bei der Abwehr nicht nervös zu werden und nicht schnell loszureden, sondern eher mit einer offenen Frage zu antworten wie, „Welche Informationen benötigen Sie noch?“

In einer Verhandlung Gegenfragen zu stellen, gilt als unfaires Mittel, denn Fragen sollen nicht mit Gegenfragen beantwortet werden. Eine erfolgreiche Taktik besteht darin, eine sehr knappe kurze Antwort zu geben und erst im Anschluss eine Gegenfrage zu stellen.

Wenn Verhandlungspartner typische geschlossene Alternativfragen stellen und keine der Lösungen zutreffend ist, wird man diese entkräften mit einer Antwort wie: „Weder das eine, noch das andere. Ich möchte vor allem ... erreichen.“ Oder: „Sie stellen zwei Alternativen gegenüber, die sich so nicht stellen. Es geht in diesem Fall vielmehr darum....“. In der Abwehr der Alternativfragetechnik muss man auf der Hut und kritisch gegenüber den Antworten sein, die Alternativen beinhalten.

Sie können auch eine Technik anwenden, die den Fokus der Diskussion bzw. Frage verschiebt, auf die in der Folge eingegangen wird.

Auf provokative Fragen, die im allgemeinen Emotionen wecken sollen und häufig Schlüsselwörter wie „eigentlich“, „überhaupt“, „wenigstens“ und „wirklich“ beinhalten, muss mit Selbstdisziplin und kühler Überlegung reagiert werden. Beispiel: „Dies ist doch eine offensichtlich bewusst provokant gestellte Frage.“

## Provokation – die passende Reaktion

Die ständige Provokation der Gegenseite ist ein Mittel, in dem vor allem die „Du-Botschaften“ platziert werden: „Sie sind es doch gewesen der,...“ oder „Sie sollten mal endlich...“. Bei starker Provokation läuft man Gefahr, klar zu protestieren, sich aufzuregen und verärgert zu antworten. Daraufhin wird der Provokateur erstaunt und unschuldig argumentieren wie:

„Es ist mir unerklärlich, warum Sie so reagieren. Ich schätze Sie als sehr kompetenten Verhandlungspartner und was ich gesagt habe, war ganz anders gemeint als Sie es verstanden haben. Aber es muss Gründe geben, warum Sie so ungehalten reagieren. Haben Sie keine wichtigen Sachargumente dazu?“

Ziel ist es, den anderen emotional und zornig zu treffen, sodass er falsche Reaktionen an den Tag legt durch unvorsichtige Äußerungen, die im Weiteren dann verwendet werden können.

In diesen Bereich fällt auch die Technik, auf den Schwächen des anderen herumzureiten. Wenn man immer wieder dieselben Schwachstellen benennt, die die andere Seite ärgern, wird es passieren, dass er tatsächlich ärgerlich wird. Wird er böse, so hat man ihn „erwischt“: „Ist etwa mehr dran, als man bisher weiß?“

Im Feld der Provokation ist die Betonung der Sachlichkeit wichtig, um aus dem Ton herauszuführen.

„Gerne antworte ich sachlich, aber den schlechten Einfluss auf eine gute, partnerschaftliche Verhandlungsatmosphäre durch provokative Formulierungen möchte ich gerne vermeiden. Sie schätzen doch auch einen partnerschaftlichen Umgang, stimmt’s?“

Die offene Ansprache und der Abschluss mit „stimmt’s“ macht es Ihrem Partner sicher schwieriger, dies aufrecht zu erhalten.

Ein ähnliches Vorgehen kann man auch bei Suggestivfragen anwenden, wie: „Sie wollen doch sicher den Auftrag haben...“ Auch dem kann man begegnen, indem man offensichtlich macht, dass es um eine vordergründige Suggestivfrage geht, und man sich gemeinsam darauf konzentrieren möchte, dass insgesamt bestmögliche Verhandlungsergebnis zu erzielen. Es gibt noch weitere Punkte, die für Sie wichtig sind. Dabei können Sie die Chance einbauen, den Fokus des Themas zu modifizieren.

Diese Technik der Fokusveränderung ist hilfreich, wenn Ihnen, wie zuvor erwähnt, einfache Alternativfragen „zur Auswahl“ gestellt werden. In einer alternativen Antwort wird die Frage nicht direkt beantwortet, sondern es wird zunächst zum Sachverhalt der Frage eine Alternative dargestellt. Erstens wirkt die Antwort dann wohl überlegt, zweitens gewinnt man Zeit zum Nachdenken und gibt außerdem das Gefühl, sich mit den Argumenten und Themen zu beschäftigen. Dann kann man den Fokus verschieben, indem man die Alternative weiter ausführt und dazu eine Frage stellt. Damit hat man sich mit der Fragestellung des Gesprächspartners auseinandergesetzt und gezeigt, dass man sich mit dem Thema beschäftigt. Anschließend wird das Ganze mit einer Frage in einen Bereich zurückgespielt, in den man selbst das Gespräch führen will. Ein typischer Anfang einer solchen Antworten lautet: „Ich bin dankbar für diese wichtige Frage, denn es geht darum Alternativen zu betrachten....“

Wenn die Verhandlung in einen aggressiven Bereich abgleitet, werden forsche Du-Botschaften" in Verhandlungen mit „ich-Botschaften" beantwortet. Massive Anschuldigungen werden dadurch aufgefangen und gute psychologische Voraussetzungen für ein Klima geschaffen, in dem die andere Seite zumindest für sich selbst einsehen muss, dass sie die schwierige Verhandlungssituation verursacht.

## Hindernisrennen und Drohungen

In schwierigen Verhandlungen, in denen man als Lieferant auf das Entgegenkommen des Kunden bauen muss, wird gelegentlich folgende Taktik angewandt: Zu Beginn werden deutliche Forderungen als unumstößlich aufgestellt, um damit Tatsachen zu schaffen. Dabei werden gegebenenfalls auch Drohungen ausgestoßen und es gibt eine klare Verweigerung von Zugeständnissen. Die Streitpunkte werden möglichst hoch getrieben, indem Nebenkriegsschauplätze aufgemacht werden. Damit gibt es weitere Forderungen. Im Anschluss wird die Salamitaktik angewandt mit einem planvollen Abhandeln lassen bei gleichzeitiger Aufstellung neuer Forderungen zu anderen Verhandlungspunkten.

Auch das Spiel des unter Stress Setzens und mit Emotionen der Angst zu spielen erfolgt durch das Aufstellen extremer Forderungen und die Androhung der letzten Chance, da man andernfalls die Entscheidung unter den für Sie ungünstigen Umständen treffen wird. Die Aussage „das ist das letzte Wort –

oder lassen Sie es bleiben“ verlangt Entscheidungen auf beiden Seiten! Wie soll man sich verhalten? In diese Taktik fällt auch das zusätzliche Aufnehmen einer demonstrativen Verhandlung mit Wettbewerbern.

Das Spiel mit Drohungen ist nur dann erfolgreich, wenn die Drohung wahr gemacht werden kann. Zu Beginn wird die Drohung deshalb zur Wahrung aller Möglichkeiten zunächst unbestimmt ausgedrückt werden: „Wir behalten uns weitergehende Schritte und Entscheidungen vor....“

Eine weitere Version zum Aufbau von Druck ist das Setzen von Bedingungen mit der Androhung einer Eskalation. Wenn der als Gegner behandelte Verhandlungspartner offensichtlich auf eine erfolgreiche Beendigung unter allen Umständen angewiesen ist, wird er es unter den gegebenen Bedingungen schneller akzeptieren. In einer weiteren Eskalationsstudie werden dazu Nebenkriegsschauplätze eröffnet und weitere Streitpunkte geschaffen zur künstlichen Vermehrung der Bedingungen. Zum Beispiel kann mit Aufstellungen und Statistiken abgelenkt, manipuliert oder getäuscht werden. Es wird von etwas ganz anderem zu reden begonnen und hingestellt, als gehöre es zusammen. Hierbei werden Sie als „Gegner“ in verschiedene Ecken geschickt, mit wenig Zeit zum Luftholen.

In einer Taktik wird angeboten, einen Teil der Verhandlungsmasse zu teilen, um in einigen wenigen Punkten einen Verhandlungsspielraum zu schaffen. Die Forderungen werden jedoch künstlich erweitert wie zum Beispiel durch sogenannte nachweislich entstandene Kosten für Versäumnisse oder Fehler. Der Einkäufer wird sich diese künstlichen Erweiterungen hart, aber planvoll in einer Salamitaktik abhandeln lassen. Gleichzeitig werden an anderen Verhandlungspunkten neue aufgestellt. So können gegebenenfalls neue Forderungen wichtiger Art durchgesetzt werden, wobei gleichzeitig nur Punkte der künstlichen Erweiterung aufgegeben werden. In diesem Fall werden Sie mit der frühzeitigen Festlegung des Verhandlungsrahmens und der Verhandlungsbasis Einhalt gebieten.

Manchmal hilft es, das Vorgehen transparent zu benennen, die Verhandlungen unter Umständen sogar mehrfach zu vertagen. Schon eine Unterbrechung zur Klärung des Verhandlungsrahmens oder zur Klärung, ob die Verhandlung nicht unterbrochen oder vertagt werden soll, kann hilfreich sein.

Insbesondere muss in dieser Situation eine klare Analyse aufgestellt werden, welche Risiken die andere Seite objektiv mit dieser Strategie eingeht. Dabei werden Sachargumente und die Person separat analysiert. Was ist das Risiko, was sind die Konsequenzen für die angreifende Gegenseite? Was sind die Konsequenzen, wenn Sie auf Zeit spielen, vertagen und eine Einigung unter diesen Umständen der Verhandlungsführung verweigern? Wichtig sind Selbstbewusstsein zu demonstrieren und intensives Fragen und Nachfragen. Dies erfolgt immer mit dem Ziel, die sachliche Ebene in den Vordergrund zu rücken. Forderungen werden Sie sich durch detaillierte Analysen begründen lassen, die Sie gleichzeitig wiederum herausfordernd hinterfragen.

Eine unpassende Aussage kann man etwa mit dem Hinweis, „lassen wir das mal im Raum stehen ohne meine Bewertung der Aussage“ aufnehmen und nicht direkt darauf einzugehen, um eine weitere Frage anzuschließen. Sie werden die Antworten genau analysieren und gegebenenfalls relativieren und in das Verhältnis zu anderen Aussagen oder Daten setzen.

Selbstverständlich werden Sie zudem prüfen, ob Sie Forderungen aus anderen Bereichen und Nebenkriegsschauplätzen stellen können.

Freundliches Lächeln, sich nicht provozieren und verunsichern lassen und das Spiel auf Vertagung sind weitere Tools. Eine geschickte Gesprächsführung wird hoffentlich auch Ihr Gegenüber dazu bringen, alles weitere von sich aus zu vertagen.

Ein anderer Fall liegt vor, wenn man Ihnen droht, Sie zu Gesprächen oder Verhandlungen erst zuzulassen, wenn Sie gewisse Vorbedingungen erfüllt haben. Das ist sehr kritisch zu prüfen. Was ist die wirkliche Absicht dahinter? Kann die andere Seite diese Drohung wahrmachen? Was kostet es die andere Seite, diese Drohung wahrzumachen, welche Nachteile handelt sie sich damit ein? Welche Alternativvorschläge können Sie unterbreiten, so dass die Gegenseite glaubwürdig aus der Situation kommt, ohne das Gesicht zu verlieren, wenn man Sie schließlich ohne Erfüllung der Vorbedingungen einlädt?

Die Erfahrung zeigt auf jeden Fall, dass man sich mit Kraft und Selbstbewusstsein dagegen stellen sollte. Fragetechnik und Veränderung des Fokusses, ohne damit zu neuen Kontroversen einzuladen, können helfen. Ein offenes Entgegenkommen ist nicht mehr angebracht und würde der angreifenden Partei sogar anzeigen, hier das Paket mit weiteren Punkten noch einmal zu vergrößern. Dies könnten beispielsweise weitere „nachweislich aufgelaufene zusätzliche Kosten“ sein, die noch nachträglich eingebracht werden. Worin liegen die Risiken der angreifenden Seite und wie können Sie diese nutzen? Wie kann man der Gegenseite einen Weg bieten, unter Gesichtswahrung von unrealistischen, nicht erfüllbaren Forderungen abzukommen?

## Mimik und Gestik

Wichtige Mittel der Verhandlungsführung sind nonverbale Elemente wie Körpersprache, Mimik und Gestik. In der Verhandlungstechnik werden diese häufig als Manipulationswerkzeug eingesetzt, wobei hierzu viel Selbstdisziplin notwendig ist. In schwierigen Verhandlungen ist es die charmanteste Art, durch ein ehrliches Lächeln dennoch die Zähne zu zeigen. Wohlwollende Mimik kann genutzt werden, das Gegenüber in trügerischer Sicherheit zu wiegen und ihn redselig zu machen. Mit der neutralen Mimik vermeidet man, dass der andere die eigene Haltung und Absicht erkennen kann. Eine lehrbuchmäßige Mimik der Dominanz ist geeignet, das Gegenüber klein zu machen und ihn durch Arroganz sogar emotional wütend werden zu lassen. Hierzu kann es auch gehören, offensichtlich am

Gesprächspartner demonstrativ vorbeizusehen. Durch ein arrogantes Verhalten sollte man sich nicht aus der Reserve locken lassen und verunsichern lassen. Dem suggestiven Anstarren als Machtspiel sollte man mit einem starken Selbstbewusstsein und innerer Sicherheit entgegentreten.

Hilfreich kann es sein, die andere Seite über die eigene Kraft und Stärke zu täuschen, so dass sie sich nicht darauf einstellt. Machtdemonstration weckt Macht bzw. Druck erzeugt Gegendruck. Deshalb werden Symbole der Macht vorsichtig eingesetzt. Es kann sogar günstig sein, aus einer mächtigen Position heraus eine scheinbar ungünstige Position am Tisch einzunehmen oder eine Gestik bzw. Körpersprache der Bescheidenheit einzusetzen, wenn Machtdemonstrationen das Gegenüber in Alarmbereitschaft versetzen würden. Dies gilt, wenn man sich selbst durch die Demonstration der Machtposition um andere taktische Möglichkeiten bringt, zum Beispiel die Gegenseite auf eine neue Spur zu setzen.

Die Körpersprache kann das Gegenüber bei bewusstem, geplantem und richtigem Einsatz auf eine falsche Fährte führen. Dabei geht es nicht um die Demonstration von Macht mittels Körpersprache, sondern darum, die Körpersprache so zu wechseln, das die eigentliche Absicht, die dahinter steht, nicht offenliegt. Es gilt, genau darauf zu achten, wann diese Technik gegen Ihre Interessen eingesetzt wird und frühzeitig darauf zu reagieren.

Ein freundliches Lächeln, um Ihrem Gegenüber die Zähne zu zeigen, ist in der Abwehr im Grunde immer hilfreich.

Grundsätzlich wird man in der Abwehr eine Taktik der Unterstreichung der partnerschaftlichen Verhandlungsführung anstreben. Sie werden dabei aufzeigen, dass Sie sich nicht „über den Tisch ziehen lassen“, sondern den Fokus auf echte, gemeinsame Wortschöpfung legen.

## Zusammenfassung grundsätzlicher Abwehrtaktiken

- Eine Grundvoraussetzung, um gegen unfaire Praktiken vorzugehen, ist die Entwicklung einer moralischen Stärke, starker Selbstwertgefühle und ein sympathisches Selbstbewusstsein. Die gegenseitige Achtung muss man voraussetzen und im extremen Fall unter Umständen in Erinnerung rufen. Die gegenseitige Fairness wird als Grundmaßstab vereinbart.

- Eine gute Vorbereitung auf „worst case“-Verhalten der Gegenseite ist immer hilfreich bzw. eine wichtige Voraussetzung für den Erfolg unter schwierigen Bedingungen.

- In den Verhandlungen selbst braucht man vor allem die soziale Intelligenz und Erfahrung, um alle Situationen schnell und zuverlässig zu erfassen und schnell und angemessen zu reagieren.

- Dazu gehört die innere Ruhe, sich keinesfalls aus der Fassung bringen zu lassen oder Emotionen bewusst zurückzustellen. Die Kontrolle der Emotionen ist sehr wichtig. Gerade in diesem Punkt werden Sie öfter herausgefordert. Gute mentale Vorbereitung, Techniken der Entspannung unter Anspannung und das Beherrschen nonverbaler Kommunikation mit kleinen Gesten wird helfen, aus dem Ruder laufende Gespräche wieder einzufangen. Die Entwicklung von Souveränität erwächst daraus.

- Moralische Argumente sind starke Argumente, insbesondere dann, wenn unfaires oder unmoralisches Verhalten der Gegenseite benannt werden kann.

- Mimik und Gestik werden gekonnt und aktiv eingesetzt, um die Verhandlungsatmosphäre und die Situation positiv zu unterstützen. Es wird kritisch überprüft, wo die andere Seite diese einsetzt, um Sie auf eine falsche Fährte zu führen.

- Außerdem gehört zur guten Verhandlungsführung das bewusste Einsetzen von Zeit.

- Intensive Fragetechnik, Redenlassen, so lange es nicht darum geht, destruktiv die Oberhand durch lange Reden zu gewinnen oder die Zeit bewusst gegen Sie zu spielen, gehören zum Verhandlungsrepertoire. Dies sind hilfreiche, einfache Standardwerkzeuge. Es eröffnen sich häufig neue Wege für Sie, wenn Sie gut zuhören. Dabei können Sie Inkongruenz und Widersprüche in den Darstellungen der anderen Seite entdecken und nutzen.

- Die Fragetechnik wird eingesetzt, um viel zu erfahren und die andere Seite zum Vortrag zu animieren. Erforderlichenfalls werden Sie mehrfach nachfragen, falls Ihr Gegenüber versucht, sich mit kurzen Aussagen herauszuziehen.

- Es gibt die Fragetechnik der kurzen, knappen und intensiven Nachfragen, die sich bis zum Kreuzverhör auswachsen kann. Sie sind sicherlich schon einmal von einer Gegenseite damit konfrontiert worden. Setzen Sie die aufgezeigten Tools ein, um sich zu wehren.

- Darüber hinaus hilft die Fragetechnik als Abwehrtechnik auch bei unfairem oder aggressivem Auftreten der Gegenseite. Hier geht es beispielsweise um die verzerrte Darstellung von Informationen und Fakten. Beispielsituation der Anwendung wurden bereits aufgezeigt. Sollten Sie unpassende Antworten erhalten, können Sie diese Aussagen auch einmal „offen stehen lassen“. Das Stellen von Gegenfragen lässt sich mit vorgeschalteten kurzen Statements, die auf die vorherige Frage nur ganz kurz eingehen, einfacher durchsetzen. Gestellte, kritische Fragen können durch eine angemessene und begründete Umformulierung entschärft und in ihrem Fokus geändert werden.

- Die wiederholte Anwendung von Halbwahrheiten können Sie durch die dargestellten Maßnahmen der Vertrauensentwicklung, Fragen zu stellen und der Vermeidung von Ausweichmanövern einschränken.

- Bei wiederholten Unterbrechungen werden Sie sich nicht aus der Ruhe bringen lassen und darauf bestehen, ihren eigenen Beitrag zu Ende zu führen.

- Eine auffallend wenig wertschätzende Verhandlungsführung durch aggressive oder unfaire Methoden kann man abwehren, indem man die Gegenseite um eine Erklärung der Ziele in diesem Stil bittet. Sie stellen dabei Auftreten und Stil in Frage und fordern durch die Bitte um Erklärung indirekt dazu auf, den Standunkt und die Methode zu überdenken. Außerdem können Sie durch eine übertriebene Transparenzdarstellung des Stils die weitere Anwendung ins Absurde führen. Machen Sie die Fragwürdigkeit eines unfairen, aggressiven oder provokanten Stils offensichtlich. Wenn Sie keine gute eigene Gegentaktik entwickeln können, bietet sich es sich geradezu an, das aggressive und wenig lösungsorientierten Verhalten der Gegenseite offen anzusprechen und dadurch das Gespräch auf konstruktive Lösungen zu lenken. Dies können Sie beispielsweise mit einer Frage und einem überzeugend freundlichen Lächeln des „Zähnezeigens“ bezüglich der erkannten Taktik machen. Er wird vielleicht Ihrem Eindruck oder ihrer Interpretation widersprechen, muss jedoch zumindest für sich selbst erkennen, dass sein Weg offensichtlich nicht so erfolgreich ist wie geplant. Daraufhin werden Sie einfacher Ihren Gegenzug spielen können.

- Zu den Taktiken gezielter Verunsicherung bis hin zum steten Aufbau und Ausbau extremer bzw. nachgeschobener Forderungen gibt es, wie dargestellt, angemessene Abwehrtaktiken. Hierzu gehört auch die richtige Reaktion auf Salamitaktik nach überzogenen Forderungen.

- Grundsätzlich wird man in der Abwehr eine Taktik der Unterstreichung der partnerschaftlichen Verhandlungsführung anstreben. Sie werden dabei aufzeigen, dass Sie sich nicht „über den Tisch ziehen lassen“, sondern den Fokus auf echte, gemeinsame Wortschöpfung legen.

## Resilienz – wenn es ganz eng wird

Kennen Sie die Situation? Sie bereiten sich gewissenhaft auf eine Verhandlung vor. Sie kennen Ihre Grenzen, haben eine Idee von den Zielen und Grenzen Ihres Gegenübers und auch Erfahrung aus ähnlichen Verhandlungen mit diesem oder anderen Gesprächspartnern.

Das Gespräch beginnt freundlich in einer guten Atmosphäre und entsprechend Ihrem Eindruck mit einem gemeinsamen Verständnis zu den Randbedingungen und Zielen der Verhandlung. Möglicherweise gewinnen Sie schon bald den Eindruck, dass ein gegenseitiges Verständnis und die Ausarbeitung einer gemeinsamen Lösung erreichbar scheint.

Doch auf einmal: neue, überraschende Forderungen, Präsentation von Wettbewerbsangeboten, die Einführung neuer, noch anspruchsvollerer Ziele oder Änderungen in den Grundlagen des Verhandlungsgegenstands. Dazu kommt die plötzliche Veränderung im Verhandlungsklima und im Auftreten Ihres Verhandlungspartners oder die überraschende Involvierung weiterer Verhandler auf der Gegenseite. Die neu hinzugezogene Person ist Ihnen vielleicht unbekannt, zeigt ein überraschendes und schwieriges Auftreten und Verhalten und verändert die Verhandlungsgrundlage und das Set-up. Plötzlich kommen Zusatzforderungen auf Sie zu oder das Verhandlungspaket wird in seinem Umfang verändert.

Eventuell wird auch die von Ihnen vorbereitete Verhandlung direkt mit neuen oder stark überzogenen Forderungen eröffnet. Mit einem Mal sind Forderungen auf dem Tisch, mit denen Sie nicht gerechnet haben, und deren Erfüllung Ihnen als Vorbedingung für weitere Gespräche präsentiert werden. Zu allem Übel stehen Sie im eigenen Unternehmen aufgrund von kritischen Ergebnissen, zurückgehendem Geschäftsvolumen, hohem Kostendruck, knappen Ressourcen oder der Steigerung von Lieferantenpreisen unter erheblichen Druck. Wessen Puls geht nicht deutlich in die Höhe? Plötzlich sehen Sie den möglichen Abschluss in weiter Ferne und es besteht das Risiko, mit herben Verlusten aus diesem gut vorbereiteten Gespräch herauszukommen. Ihr Verhandlungskonzept gerät aufgrund dieser vollkommen anderen Umständen aus den Fugen. Wie können Sie in dieser Lage das Gespräch wieder in eine gute Bahn lenken und auf einen annehmbaren Abschluss hinarbeiten?

Sie kennen die Verhandlungswerkzeuge in solchen Situationen, wie sie in den vorausgegangenen Kapiteln ausführlich erklärt wurden. Aber nun kommt ein weiterer wichtiger Erfolgsfaktor zum Tragen, mit dessen Hilfe Sie die gezeigten Werkzeuge zum Erfolg bringen: Resilienz.

Verhandlungen erfolgreich zu führen, einerseits unter hohen Ergebnisdruck, andererseits unter starkem Gegenwind von der anderen Seite, erfordert nicht nur eine robuste Verhandlungsstrategie, Taktik und Werkzeuge. Ganz entscheidend ist zudem ein starker persönlicher Auftritt, der dem Gegenüber gewachsen ist und sich durch starke Positionen der Gegenseite nicht aus dem Konzept bringen lässt. Es sind Virtuosität im Umgang und der richtige Abruf der jeweils passenden Verhandlungswerkzeuge gefragt. Dies bedingt einen jederzeit kühlen Kopf in einem Umfeld, das häufig in besonders schwierigen Situationen von eigenen Emotionen und den emotionalen Äußerungen der Gegenseite geprägt ist.

Dabei stellt eine starke Resilienz einen entscheidenden Erfolgsfaktor dar. Es gibt umfangreiche Literatur zum Thema Resilienz im Management, jedoch wenig dazu, welche Faktoren der Resilienz besonders für den Erfolg in Verhandlungen entscheidend sind und trainiert werden sollten.

Welcher Verhandlungspartner wünscht sich nicht, selbst unter hohem Druck zu guten Ergebnissen zu kommen? Souverän und gelassen auftreten sind unabdingbar, um am Ende die Verhandlungen erfolgreich abzuschließen. Dabei spielt die persönliche Resilienz eine wesentliche Rolle.

In der Literatur werden oftmals sieben Kriterien zur Unterstützung einer besonderen Widerstandsfähigkeit herausgestellt. Diese gelten für die persönliche Resilienz im Allgemeinen und zur Stärkung der Resilienz im Management und der eigenen Organisation, für die man Verantwortung trägt. Führungskräften kommt als Vorbild der Resilienz eine besondere Verantwortung zu.

Was sind nun die wichtigsten Faktoren zur Stärkung der Widerstandskraft im Allgemeinen, und welches sind die wichtigen Aspekte im Rahmen einer erfolgreichen Verhandlungsführung in einem herausfordernden Umfeld?

## Grundlagen der Resilienz in Verhandlungen

Entscheidend ist es, in einem emotional anspruchsvollen Umfeld, den eigenen Emotionen nicht wehrlos ausgeliefert zu sein, sondern sich dank psychischer Widerstandsfähigkeit nicht vom starken Auftritt der Gegenseite und negativen Verhandlungsschritten und Ereignissen überfahren zu lassen.

Wesentliche Faktoren zur Stärkung der Resilienz liegen:

1. in der eigenen, gefestigten Persönlichkeit mit einem guten Selbstwertgefühl, der Erfahrung, des Bewusstseins und der Erwartung von Selbstwirksamkeit sowie der Verfügbarkeit des richtigen Werkzeugkastens zum Erfolg in der jeweiligen herausfordernden Situation.

2. in der Qualität des eigenen Umfelds mit entsprechender Unterstützung und guten Beziehungen zu anderen Personen. Dies betrifft sowohl das berufliche wie auch das persönliche Netzwerk, Freunde, die einen unterstützen und stärken und gegebenenfalls in schwierigen Situationen gute Ratgeber sein können.

3. im Umfeld des Unternehmens. Welche Unterstützung, welche Anforderungen, welche Werkzeuge und welchen Verhandlungsspielraum erhalten Sie? Welche Konsequenzen haben Sie zu tragen, wenn die Verhandlungen nicht erfolgreich zu Ende geführt werden können.

Eine resiliente Persönlichkeit zeichnet sich dadurch aus, dass sie Schwierigkeiten als Herausforderung begreift und sich von Rückschlägen nicht entmutigen lässt. Aufgeben in kritischen Momenten ist für sie keine naheliegende Option. Ihr ist bewusst, dass Erfolge und Misserfolge zusammengehören. Misserfolge werden für Sie zu Chancen, daraus zu lernen und wichtige Schlüsse zur Steigerung ihrer Fähigkeiten und Souveränität zu ziehen.

Sie übernehmen in der Verhandlung und für die Ergebnisse eine Verantwortung, denn Sie glauben an Ihre Fähigkeiten und setzen sich auch anspruchsvolle Ziele. Ein gesunder Optimismus unterstützt Sie in der Erziehung Ihrer Ergebnisse. Gleichzeitig können Sie Ihre Emotionen kontrollieren und für Ihre Zielerreichung steuern. Dabei sind Sie in der Lage, unvermeidliche Gegebenheiten anzunehmen. Ein empathischer und wertschätzender Umgang mit Ihren Verhandlungspartnern und innerhalb Ihres Teams und Unternehmensumfeldes unterstützt Sie im Aufbau guter Beziehungen selbst in einem schwierigen Umfeld schwieriger Verhandlungen.

## Wichtige Faktoren der Resilienz in Verhandlung

**Positive Selbstwahrnehmung:** Dies ist ein wichtiger Faktor zur notwendigen Gelassenheit und Zuversicht. Er unterstützt Ihr gutes Selbstvertrauen, das geprägt wird von Ihrem Selbstbild über Ihre Fähigkeiten und Stärken, Ihre Erfolge und Ihren möglichen Beitrag zum Erfolg des Unternehmens in Ihren

Verhandlungen. Insbesondere in schwierigen und anspruchsvollen Situationen ist es entscheidend, dass Sie gerne Verantwortung übernehmen und wissen, dass Sie einen wichtigen Beitrag zum Erfolg leisten. Ein schwaches Selbstwertgefühl steigert Ihren Stresslevel, weil Sie schnell von Zweifeln am möglichen Erfolg geplagt werden, eine pessimistische Einstellung zu Ihren möglichen Ergebnissen haben und infolgedessen in schwierigen Verhandlungen frühzeitig zu suboptimalen Kompromissen bereit sein werden.

Wichtig ist, dass Ihr Eigen- und Fremdbild möglichst weit übereinstimmen. Diese adäquate Selbsteinschätzung Ihrer Fähigkeiten, Möglichkeiten und auch Schwächen gibt Ihnen die notwendige Stabilität in einer schwierigen Situation. An der Stärkung Ihrer Schwächen werden Sie nicht nur kontinuierlich arbeiten, sondern Sie auch bewusst in das Kalkül Ihrer Verhandlungsführung einbeziehen. Arbeit an den Schwächen bedeutet nicht nur, sie durch Training zu stärken, sondern sie auch mithilfe eines Perspektivenwechsels auf eine mögliche positive Bedeutung hin zu prüfen. Infolge dieser Einstellung werden Sie auch negative Ergebnisse aktiv in Ihren „Lessons learned" zur Weiterentwicklung Ihrer persönlichen Verhandlungsdaten nutzen.

Ihre Erfahrung aus schwierigen Situationen und negativen, emotional belastenden Situationen werden Sie nutzen, um innere Abwehrmechanismen zu entwickeln, diese schwierigen Umstände souverän durchzustehen.

Eine empathische und starke Präsenz in der Verhandlung unterstützt Ihre Fokussierung, das Verständnis und die schnelle Wahrnehmung der äußeren und inneren Position Ihres Gegenübers. Auf diese Weise gewinnen Sie leichter Einblick in die Denkweise, Taktik und Strategie Ihres Gegenübers und nehmen selbst kleine Veränderungen in der sachlichen und emotionalen Position Ihres Gesprächspartners wahr.

**Selbstwirksamkeit:** Selbstwirksamkeit bezeichnet die Bereitschaft, schwierige Herausforderungen aktiv anzugehen und sie aus eigener Kraft optimal zu bewältigen. Die subjektive Erwartung und das Zutrauen an das eigene Gelingen der Herausforderung reduzieren den Stresslevel. Sie werden die Situation beherrschen, und nicht die Situation Sie. Das ist die Präsenz einer Selbstwirksamkeitserwartung auf Basis Ihrer bisherigen Erfahrungen.

Dazu nutzen Sie Ihre Ihnen bewussten Stärken intensiv und erfahren dabei gleichzeitig eine Steigerung Ihrer Leistungsfähigkeit. Ihre positiven und negativen Ergebnisse schreiben Sie in angemessenem Maß Ihrem eigenen Handeln und Ihren Fähigkeiten zu. Die Erfahrungen aus positiven Resultaten sind fest verankert und Sie können sie jederzeit mental abrufen. Sie gewinnen daraus Kraft und Energie. Je mehr Erfolgserlebnisse Sie sich in anspruchsvollen Verhandlungsaufgaben selbst ermöglichen, umso stärker wird Ihre Kraft werden. Sie können positive Vorbilder für Erfolg und wichtige Fähigkeiten heranziehen, die Sie weiter anspornen. Wichtig ist zudem, dass Sie sich ein positives Umfeld suchen, das Ihnen weitere Anerkennung und moralische Unterstützung zuteil werden lässt. Selbstverständlich ist es im Rahmen der Selbstwirksamkeit ebenfalls entscheidend, dass Sie voll und ganz hinter Ihren Aufgaben und den dazugehörigen Zielen stehen.

**Management der Emotionalität:** Die Kontrolle und Steuerung Ihrer Gefühle steigert vor allem in schwierigen Verhandlungen sehr stark Ihre Handlungsfähigkeit und Ihren Erfolg. Lassen Sie sich nicht von Emotionen beherrschen. In einer Verhandlung müssen Sie eine innere Distanz zu Ihren in manchen Momenten sicherlich starken Gefühlen schnell aufbauen. Wenn Ihr Gegenüber in harten Verhandlungen Ihre Emotionalität provozieren möchte, gilt es einen Schritt zurückzutreten, die Gefühle wahrzunehmen und sich ganz bewusst für rationales Handeln zu entscheiden. Hierbei ist wesentlich, das Ihnen in diesen schwierigen Situationen der Werkzeugkoffer guter Verhandlungstaktiken präsent ist und Sie ihn aus dem Moment heraus aktiv anwenden können. Wie können Sie in diesen Situationen von der Gegenseite eine bewusst provozierte, mögliche Emotionsreaktion wie in einem Judo-Griff zu Ihren Gunsten nutzen?

Zu den Vorbereitung von Verhandlungen gehört es, sich schon vorab mit den potenziellen Stressfaktoren auseinanderzusetzen. Wie können Sie reagieren, wenn die Verhandlung gegen Sie läuft? Welche sachlichen Werkzeuge haben Sie, wenn Ihr gegenüber Sie mit häufig bekannten, aber immer wiederkehrenden Stresswerkzeugen unter Druck setzt? Können Sie im Team gegebenenfalls entsprechende Szenarien durchspielen? Training und Vorbereitung im Team werden durch die Sammlung typischer Werkzeuge Ihres Gegenübers unterstützt, den sie häufig schon aus vorherigen Gesprächen und Verhandlungen kennen. Dessen ungeachtet haben natürlich auch Sie die Möglichkeit, zuvor aufgezeigte Werkzeuge in diesem Bereich anzuwenden, wenn eine kritische Verhandlungssituation dies erfordert. Sie zeigen damit, dass diese Taktik nicht ohne Wirkung bleibt.

**Achtsamkeit:** Eine direkte Verbindung zu dem Bereich der Emotionalität hat das Thema des achtsamen Umgangs. Dabei gilt es, kritische Situationen ohne Bewertung stehen und wirken zu lassen. Gedanken, Ärger oder Nervosität werden nicht nach einem Schema von gut oder schlecht bewertet und hinterfragt, sondern für den Moment schlichtweg als vorhanden akzeptiert. Sie werden Schlüsse für Ihr weiteres Vorgehen daraus ziehen. Entscheidend ist, die Dinge zunächst setzen zu lassen, damit man anschließend klarer sehen kann. Schon eine Pause oder eine bewusste Ablenkung in der Verhandlung wird Sie in diesen Momenten unterstützen, um den wesentlichen Lösungsweg unter dem Staub der Emotion zu erkennen. Eine kurze Pause können Sie sich zum Beispiel durch einen bewussten Blick in Ihre Unterlagen verschaffen, ohne den Verhandlungspartner explizit um eine Unterbrechung zu bitten, die er Ihnen eventuell nicht zugestehen würde. Dabei geht es gar nicht um die Prüfung der Unterlagen, sondern um den Augenblick, den Sie brauchen, um sich sachlich und emotional zu sammeln und auf einen Lösungsweg zu konzentrieren. Praxis in Methoden des mentalen Trainings kann Ihnen in diesem Moment helfen.

Ein besonders wirkungsvolles Mittel besteht in der Erkenntnis, das zwischen Reiz und Reaktion ein Raum ist, der beides voneinander trennt. Dieser zeitliche Raum ist durch den Menschen willentlich gestaltbar.

Diesen Gedanken beschrieb Viktor Frankl (1905-1997, Neurologe und Psychiater, Wien): „In diesem Raum haben wir die Freiheit und die Macht, unsere Reaktion zu wählen. In unserer Reaktion liegen unser Wachstum und unsere Freiheit."

Für viele Menschen ist in einer Stressreaktion ein innerliches Zählen ungemein wirkungsvoll. Bereits das stille Nennen der „Eins" unterbricht unser unterbewusstes Reiz-Reaktionsmuster – diesen Autopiloten in uns – sehr wirkungsvoll. Auf Ihren Gesprächspartner wirkt dies in nahezu jeder Situation wie ein Luftholen Ihrerseits – also völlig situationsadäquat. Und selbst wenn nicht – was kann an einer „Gedenksekunde" abzuwerten sein?

Wenn Sie es über die Zeit schaffen, Ihre Mimik (Lächeln) und Gestik (Offen, Raum einnehmend) ebenfalls zu steuern, wirken Sie deutlich kompetenter und selbstbewusster, als es die meisten automatisierten und damit oft infantilen Reaktionen aus Ihrem Unterbewusstsein heraus täten.

**Realitätsnaher Optimismus:** Grundsätzlich werden Sie besondere Herausforderungen mit einer optimistischen Einstellung entspannter angehen. Es trägt zum Erfolg bei, wenn Sie sich im Bereich realistisch positiver Erwartungen bewegen. Sie blenden negative Vorkommnisse und Möglichkeiten nicht aus, erkennen jedoch mehr Chancen zum Guten als zum Schlechten. Dazu gehört eine realistische Einschätzung Ihrer eigenen Fähigkeiten und Einflussmöglichkeiten. Ihre Ziele und die Erwartungen an Sie im eigenen Unternehmen bewegen sich gleichfalls auf einem optimistisch-realistischen Niveau.

**Lösungsorientierung:** Wenn es in Verhandlungen größere Probleme zu lösen gilt, konzentrieren Sie sich auf Wege zur Lösung und nicht auf einen Problemfokus. Letzterer kann zu überstürzten Reaktionen, Handlungen und am Ende schlechten Ergebnissen führen. Wechseln Sie in der Verhandlung gegebenenfalls die Perspektive mit dem Blick auf mögliche Veränderungen bei Weg und Zielen. Welche Alternativen haben Sie im Köcher auf dem Weg zu Ihrer Lösung? Was möchten Sie unbedingt erreichen, wo können Sie etwas verändern? Was sind die übergeordneten Ziele? Managen Sie Ihre Emotionalität, sodass Ihre Handlungsfähigkeit erhalten bleibt. Sie vermeiden die Gefahr von Sackgassen mit dem häufigen Gefühl in schwierigen Situationen der eigenen Verunsicherung, Überforderung oder Handlungsunfähigkeit. Zur Lösungsorientierung gehört gegebenenfalls auch die Unterbrechung oder Vertagung der Verhandlung, um neue Perspektiven oder zumindest wichtige Entscheidungen ohne Zeitdruck zu entwickeln.

**Stressresistenz:** Die zuvor aufgezeigten Wege werden den Stresslevel in schwierigen Verhandlungen erheblich reduzieren. Sorgen Sie für sich durch eine gute sachliche und emotionale Vorbereitung sowie durch die Verfügbarkeit und Nutzung mentaler Werkzeuge insbesondere in schwierigen Momenten.

**Körperlicher Zustand:** Neben einem Mentaltraining können Sie auf einen weiteren Erfolgsfaktor direkten Einfluss nehmen: auf Ihren Körper.

Es ist im Geschäftsleben eher die Regel als die Ausnahme, dass auf die grundlegenden biologischen Bedürfnisse des Menschen keine Rücksicht genommen wird. Und dies vom Betroffenen selbst! „Der Kopf wird's schon richten" – ein fataler Fehler, der Sie bei der besten Vorbereitung und sogar günstigen Gesprächsverläufen die gute Chance des Erfolgs kosten kann.

Ist Ihnen in einer morgendlichen Besprechung auch schon einmal ein Vortragender bei der Angebotspräsentation umgekippt?

Aufregung? Möglich. Aber wenn die Person nach einer schlechten Nacht um 4:00 Uhr aufgestanden ist, um das erste Flugzeug um 6:15 Uhr zu nehmen, den Tag mit gezuckertem Kaffee und Weißbrot begonnen hat, um dann um 9:00 Uhr das Wort zu ergreifen – wenig wahrscheinlich.

Guter und ausreichender Schlaf, Essen, Trinken und Bewegung – das sind grundlegende menschliche Faktoren, die Ihr

Ergebnis fundamental beeinflussen werden. Häufig liegt hierin für Sie ein zusätzlicher Hebel, wenn Sie diesem Aspekt bislang weniger Aufmerksamkeit geschenkt haben.

Resilienz kann sich nicht in einem Krisenmodus des Körpers einstellen. Unsere Gehirne sind auf das biologische Überleben ausgerichtet, nicht auf das Gewinnen einer verbalen Verhandlung. Aber ein leistungsfähiger Körper wird Sie nach Kräften dabei unterstützen.

# Teil 3: Gewinnen mit dem OEM

**Autor dieses Kapitels: Andreas Jüstel**

**Strategie, Taktik und Erfahrung aus Sicht Einkauf OEM**

In diesem dritten Teil des Buches berichtet der Autor Andreas Jüstel von seinen Erfahrungen, als er bei einem großen deutschen Automobilhersteller für den Einkauf strategischer Komponenten verantwortlich zeichnete.

## Was Sie in diesem Teil erwartet...und was nicht

Ihr Unternehmen nimmt am Lieferantenwettbewerb eines renommierten OEM teil. Der Auftrag ist wichtig, wirtschaftlich, und für den guten Namen Ihres Unternehmens in Ihrer engen Branche. Sie sollen den Auftrag holen heißt eigentlich: Sie müssen den Auftrag holen.

Warum auch nicht? Ihre Entwicklungsabteilung muss sich nicht verstecken, Ihr Produktangebot ist überzeugend. Verkaufstrainings haben Sie mehr als eines hinter sich.

Zudem ist Ihr Counterpart auf der Kundenseite sogar ein umgänglicher Typ. Eine die Regel bestätigende Ausnahme im Übrigen. Sein Chef – naja, aber der tritt nur selten in Erscheinung. Und dann auch eher polemisch.

Sie fühlen sich also gut. Sogar ein wenig sicher.

Und dann, nach einigen Gesprächen, dem Erhalt der Anfrage, Ihrem ersten Angebot, teilt Ihnen der umgängliche Einkäufer eine Preisvorstellung mit, für die Sie vielleicht alle Materialien beschaffen, aber kein fertiges Produkt in der erforderlichen Qualität herstellen können.

Oder Sie erfahren, dass der bislang so partnerschaftlich agierende Einkäufer Ihr Angebot leider nicht berücksichtigen kann, weil Ihr Fertigungsstandort dem OEM nicht bekannt ist. Wie soll er das auch – schließlich eröffnet Ihr Unternehmen diesen Standort erst in zwei Jahren.

Vielleicht ist Ihnen auch folgendes schon einmal passiert:

„Aufgrund der anhaltend fehlenden Kooperation in der Neuverhandlung der bestehenden Gewährleistungsvereinbarung, wird Ihr Konzern mit sofortiger Wirkung für alle Neuausschreibungen gesperrt, inklusive bereits laufender Vorgänge".

Falls nicht – eine Frage der Zeit.

Dieser Teil des vorliegenden Buches richtet sich an Mitarbeiter des Vertriebs, die sich entweder

a) einen Eindruck verschaffen möchten, was in der Zusammenarbeit mit einem OEM typischerweise passieren kann. Oder aber

b) für die obige Beispiele keine blumigen Bilder, sondern knallharte Realität darstellen.

## Ihr Mehrwert: ein Blick hinter die Kulissen

Dieser Teil des Buches bietet einen Blick hinter die Kulissen. Und in die Zeitspanne, die so quälend zwischen den Meilensteinen des Vergabeterminplans liegt. Es ist ein Blick hinter das, was gesagt oder angedeutet wird.

Ein Kochrezept können wir allerdings genauso wenig bieten, wie der Hausarzt eine Pille zur Auftragserteilung verschreiben kann. Jedoch wird es Ihnen nach der Lektüre gelingen, die Situation deutlich besser einzuschätzen und Ihre Handlungen zu konzeptionieren.

Zu Themen wie Verhandlungstechnik, Spieltheorie und Resilienz wurde genug geschrieben.

Ein Bericht von der anderen Seite des Verhandlungstisches ist hingegen seltener. Genau darum geht es auf den folgenden Seiten – einen Einblick in die Gedankenwelt eines routinierten Einkäufers aus der Automobilindustrie zu geben.

## Darf ich Sie etwas fragen, Herr Einkäufer? Ein Plädoyer.

„Wie ist eigentlich der perfekte Key Accounter? Wie muss er sein, wie soll er sich verhalten? Das wollte ich Sie schon immer mal fragen“

Meine erste Antwort darauf wäre zunächst: machen Sie sich nicht kleiner als Sie sind!

In der Psychologie ist die Opferhaltung hinreichend untersucht. In der Wirkung auf sich selbst, wie auch auf das Gegenüber. In einem Umfeld, in dem Macht und Dominanz Selektionskriterien der meisten Beförderungen sind, tut eine solche Haltung weder den Protagonisten noch der Sache gut. Ein selbsternanntes Opfer, das auf einen Beutemacher trifft – ein vorhersehbarer Verlauf der Dinge.

Also voll in die Konfrontation? Das Messer zwischen den Zähnen? Den Teufel auf der Zunge sitzend? Gott bewahre. Mögen andere Autoren andere Positionen hierzu einnehmen und einen „Auge um Auge“-Ansatz befürworten. Schließlich muss man die Leute doch „einnorden“.

Mein Bild ist ein gänzlich anderes. Erneut wähne ich die Erkenntnisse der Psychologie hierzu auf meiner Seite – ebenso die wissenschaftliche Auseinandersetzung mit den Modellen Kooperation versus Konkurrenz.

Was halten Sie von einem Ansatz wie diesem:

Eine Begegnung auf Augenhöhe. Zwischen Menschen. Weg vom Verkäufer. Hin zum „trusted advisor“, dem vertrauensvollen Berater.

Haben Sie schon einmal gehört? So arbeiten beispielsweise moderne Unternehmensberater.

Ihr Gegenüber schreit Sie jedoch gewohnheitsmäßig an, wenn er Sie am Freitag um 17 Uhr antreten lässt, wohl wissend, dass Sie anschließend wieder drei Stunden nach Hause fahren müssen.

Solche noch immer nicht gänzlich ausgestorbenen Taktiken werden uns immer mal wieder begleiten. Vorab: Irgendwo zwischen „von nichts kommt nichts“ und „den Auftrag nicht um jeden Preis holen“ sortiert sich sicher auch Ihr Fall ein.

„Aber wie stellen Sie es sich denn nun vor, Herr Einkäufer?“

Eine freundliche und authentische Art mit echtem Interesse an Ihrem Gegenüber ist schon einmal ein hervorragender Anfang. Das haben Sie bestimmt in einem Verkaufstraining auch schon mal gehört. Ich kann das nur unterstreichen. Menschen möchten nichts verkauft bekommen. Dafür kaufen sie generell gern ein. Und: Menschen kaufen von Menschen.

Zumindest gilt das offenbar noch in dem Segment, in dem Sie sich bewegen. Anderenorts hingegen sind Roboterverhandlung und 1-click-shopping längst Realität. Sowohl bei den öffentlich nicht wahrgenommenen Micro- und Smart-Contracts als auch bei der plattformgestützten Katalogwarenbeschaffung für die typischen „C-Teile".

Werden auch wir mit unserem Berufsbild also eines der vielen Opfer dieser „dunklen Seite" der Digitalisierung?

Das denke ich nicht. Was uns wieder treffend auf die Ausgangsfrage bringt, was eine gelungene Kundenbeziehung ausmacht.

Lassen Sie uns den dahinter liegenden Gedanken am Beispiel eines Fernseherkaufs besprechen.

Zwar nicht ahnungslos („Röhre gibt es nicht mehr"), aber nun mal kein Experte („Super-UHD-Curved-mit-HD-Plus-Advanced-Smart-TV"), eine Vorstellung wesentlicher Eigenschaften habend („47- bis51 Zoll mit Browser-Funktion, echte Schwarzdarstellung, unter 1000 Euro") zieht unser Einkäufer in den Beschaffungsprozess des neuen Familienbespaßers.

Ich behaupte, dies ist ein Kompetenzprofil, auf das Sie in Ihrer Arbeit mit den Einkaufsabteilungen in den unterschiedlichsten Produktbereichen so oder so ähnlich treffen werden.

Welches Spektrum an Vertriebsleistung erwartet also unseren semiprofessionellen Fernsehereinkäufer?

Lassen Sie uns dazu drei nicht ganz weltfremde Situationen betrachten

a) Samstagnachmittag im Elektrogroßmarkt
Rein und wieder raus – ob nun mit oder ohne Fernseher. Einen Verkäufer haben Sie aus der Ferne gesehen. Mit der Existenz eines Fachberaters erst gar nicht gerechnet. Hallo – es ist Samstag...Großkampftag!

b) Donnerstagvormittag im Elektrogroßmarkt
Sie bekommen einen Parkplatz nahe des Eingangs. Mit hoher Wahrscheinlichkeit spricht Sie sogar ein Verkäufer an, wenn Sie nur eine Weile vor den aufgebahrten Geräten auf und ab laufen. Zielsicher führt er Sie zu einem den wesentlichen Kriterien entsprechenden Gerät. Anscheinend dem einzigen in Frage kommenden.

c) Inhabergeführtes Ladengeschäft
...wenn dort nicht anzutreffen – einfach in der Privatwohnung darüber läuten. Die Auswahl an Vorführgeräten ist begrenzt. Doch der gesetzte Herr scheint diese Produktgattung gleichzeitig mit erfunden zu haben, so wie er auch in der aktuellen Produktentwicklung beteiligt ist. Und er kann Ihnen präzise ein am Markt erhältliches Gerät unter Nennung der 28stelligen Handelbezeichnung empfehlen. Ob er

es Ihnen bestellen soll, fragt er Sie erst gar nicht. Sie fragen ihn, ob er es denn für Sie bestellen könne!

Natürlich: Abholung und Inzahlungnahme Altgerät, Mitnahme aller Verpackungen, Aufstellen, Einrichten... das wird nicht jedem unter uns einen Aufpreis wert sein.

Aber welche Situation wäre Ihnen am angenehmsten? Was ist ein echtes Kundenerlebnis?

Das ist keine rhetorische Frage, denn sie mündet in einer Frage des Geschmacks. Möglicherweise können wir uns jedoch darauf einigen, dass das Szenario a) eigentlich nur ein Bedürfnis bedient: die Not, so schnell wie möglich einen neuen Fernseher nach Hause zu schleppen. Das ist keine unanständige Absicht, erfüllt sie doch die Definition des betriebswirtschaftlichen Minimalprinzips: ein gegebenes Ziel („neuer Fernseher ist diesen Samstagabend am Start“) mit dem geringstmöglichen Aufwand zu erreichen.

Mit ein wenig mehr Geduld – gleichbedeutend mit einer erfolgreichen Verhandlung im Sonderausschuss des Familienrates – sieht es im Szenario b) schon etwas anders aus.

Unser Einkäufer erhält erstmals eine echte Chance auf ein Verkaufsgespräch. Vermutlich wird er dieses Einkaufserlebnis deutlich positiver bewerten als die Schlacht um einen 15kg schweren Karton, bei dessen Verladung in die Limousine mit Business-Plus-Paket bereits drei Anwärter auf den begehrten

Parkplatz um die Wette hupen. Doch am Ende bleibt womöglich etwas, das man Kaufreue nennt. War es früher im intransparenten Markt des stationären Handels der Preis („wieviel günstiger wäre das Produkt anderenorts nur gewesen?") ist es heute der Inhalt („wie weit liegt das aufgeschwatzte Gerät über meinen Anforderungen?"). Und das denkt unser frisch gebackener Fernsehkäufer künftig nun bei jedem Griff nach der Fernbedienung.

Was geschieht im dritten Szenario? Warum ist es bei den objektiven Nachteilen doch irgendwie sympathisch, zieht uns an? Warum ist es eine nunmehr positive Verknüpfung, welche die Fernbedienung dann auch ständig reaktiviert? Und die zehn, vielleicht 15 Prozent Mehrkosten so vergessen machen, als hätte es sie nie gegeben.

Meiner Meinung nach aus einem einfachen Grund: nur im Szenario drei „begegnen sich Menschen". Nicht nur physisch, in ihren jeweiligen Rollen und oft niederen Motiven. Nicht als Käufer und Verkäufer. Sondern als Berater und Kunde.

Und das wird uns so schnell kein IT-System, kein Roboter und keine Preissuchmaschine mit 1-Click-Bestelloption abnehmen:

Eine Erfahrung von Mensch zu Mensch. Oxytocin, Spiegelneuronen, Empathie.

In welchem Szenario fühlen Sie sich wohl? Wer möchten Sie sein im Umgang mit Ihren Kunden?

Und zurück zum Beginn: Wie soll Ihr Einkäufer über Sie denken?

## Lieferantenauswahlprozess von vorne!

Als potenzieller Lieferant kommen Sie aus Sicht eines OEM – das liegt in der Natur der Sache – reichlich spät zur Party – schließlich gibt es bereits zumindest eine ernsthafte Absicht zur Vergabe eines entsprechenden Auftrags. Bis man auf die Lieferanten zugeht, ist auf Seite des Kunden allerdings bereits eine Menge hinter den Kulissen geschehen.

Lassen Sie uns daher den Prozess in seiner Umschreibung etwas früher beginnen, als Sie ihn in Ihrer Zusammenarbeit mit dem OEM erleben.

In der frühen Phase – beispielsweise einer Fahrzeugentwicklung – werden Entscheidungen getroffen, mit der OEM und Kunden zum Teil annähernd 20 Jahre leben müssen. Ich selbst habe diese Phase als Herzstück eines Automobilherstellers erlebt. Vielleicht sitzen hier die fähigsten Menschen. Mag es in der Vergangenheit noch eine sich fast selbst treffende Entscheidung gewesen sein, das ein Fahrzeug ein Lenkrad und zwei Vordersitze bekommt. Aber ein Lenkrad konzeptionell vorhalten? Das ist nunmehr in den frühen 2020er Jahren keinesfalls mehr so klar. Und wozu zwei klassische Vordersitze, wenn die Nutzung eines Fahrzeuginnenraums künftig ganz anderen Ansprüchen genügen muss. Wenn da nur die Übergangszeit in die autonome Phase des Automobils nicht wäre. Also vielleicht doch lieber das Lenkrad vorhalten? Was wie eine gute Idee scheint, führt in der Praxis ganz schnell dazu, dass aus dem visionären Fahrzeug doch nur eine Weiterentwicklung des Vorgängers wird. Vielleicht spüren Sie bereits an dieser Stelle, welche existenzielle Bedeutung dieser Phase zukommt, bevor Sie ein bis zwei Jahre später hinzustoßen.

Sind diese Entscheidungen getroffen, geht es in die deutlich trockenere Phase der Entwicklung. Neben viel kreativer und fachlich hochprofessioneller technischer Arbeit findet in dieser Zeit zumeist ein sehr quälender Teil des Prozesses statt: die Konvergenz zwischen Technik und Betriebswirtschaft. Sie wären als still beobachtendes Mäuschen vermutlich überrascht, wie feingranular einerseits und wie entkoppelt von Technik- und Marktgegebenheiten andererseits diese Zielableitung erfolgt. Mit einer gewissen Wahrscheinlichkeit werden Sie die Auswirkungen aber zu einem späteren Zeitpunkt spüren – nämlich, wenn Ihnen Zielpreise genannt werden, die Sie in Ihren schlimmsten Albträumen nicht geahnt hätten. Wir kommen hierauf nochmals zurück. Es ist indes keinesfalls sicher, dass Ihr Einkäufer den Zielpreis in den Verhandlungen nicht aus seinem Horoskop am gleichen Morgen abgeleitet hat.

Als Ergebnis eines solchen erfolgreich durchgelaufenen Prozesses wird eine Art „Konzeptreife“ oder „Anfragereife“ festgestellt und es nähert sich ein wichtiger Meilenstein für Sie: die interne Beauftragung des Facheinkaufs mit der Beschaffung des Produktes am Markt, zumeist durch eine Projektleitungsorganisation.

Um diesen Prozessschritt herum bilden sich zumeist feste Teams aus den unterschiedlichen Ressorts wie Entwicklung, Einkauf, Qualität, Logistik und Controlling. Dabei entstehen die Pflichten- und Lastenhefte, die logistischen Prämissen und Qualitätsanforderungen in zumeist iterativen, konfliktbehafteten Zusammenarbeitsmodellen, deren Ergebnis Sie später als Teil der Anfrageunterlagen in Händen halten.

Ebenfalls ist dieser Phase geschieht ein für Sie weiterer wesentlicher Schritt: die Eingrenzung der anzufragenden Lieferanten. Hierbei gibt es deutliche Unterschiede zwischen den OEMs, insbesondere aber nach dem zu vergebendem Produkt. Darauf kommen wir noch zurück.

Für diejenigen, die in einem Bieterkreis aufgenommen wurden, beginnt nun der Teil, den Sie bestens kennen: Erhalt der Anfrage, in der Regel verbunden mit mehreren Gelegenheiten, sich technisch und nicht-technisch mit den Teammitgliedern auf Kundenseite abzugleichen. An dieser Stelle zeigt sich bereits die fachliche und persönliche Kompetenz eines Einkaufs nach außen. Auch hierauf kommen wir nochmals zurück. Dabei müssen Sie eine möglicherweise sehr folgenschwere Entscheidung treffen, nämlich inwieweit Sie sich von einer kompetenten Hand führen lassen oder aber selbst in Führung gehen möchten. Ich sehe dies als einen der Erfolgsfaktoren auf dem Weg zum Erhalt eines Auftrags.

Der Verhandlung an sich ist ein eigenes Kapitel gewidmet. Belassen wir es an dieser Stelle also damit.

Mit dem Abschluss der Verhandlungsphase und der Abgabe Ihres finalen Angebotes mündet die Lieferantenentscheidung in die Kundenorganisation und damit endet für Sie eine Phase der Akquise, die Sie von Anfang bis Ende zwischen drei Monaten, oft ein knappes Jahr und bisweilen fast zwei Jahre beschäftigt haben wird.

Eine Teilnahme kann aus Sicht eines Tier1 also sowohl wirtschaftlich als auch im Vorhalt der Kapazität keine Selbstverständlichkeit sein. Vielmehr muss es eine bewusste Entscheidung unter Abwägung von Chance zu Risiko, von must-have zu nice-to-have, der Belastung Ihrer Organisation und Mitarbeiter des Projektteams sein.

Erliegen Sie als Topmanager, der diese Entscheidung zu treffen hat, nicht der Versuchung, die Projektteams um 20 Prozent zu verkleinern, um dadurch statt beispielsweise fünf nunmehr sechs Akquisen betreuen zu können. Diese Kapazität fehlt genau in der Phase, in der es um den Zuschlag des Auftrags geht! Hingegen lässt es Sie ein OEM oft früh genug spüren, wenn Sie Ihre Bemühungen einstellen und sich damit aussichtsreicheren Projekten widmen können. Gerade wenn Sie eine reichlich abrupte Abkühlung im Verhalten der Kundenorganisation oder bei Ihren fachlichen Ansprechpartnern wahrnehmen, sollte Ihre Aufmerksamkeit geweckt sein. Gleiches gilt für einen Reduzierung der Kontakthäufigkeit – beispielsweise bleiben spontane Telefonate „ich brauche noch dies und jenes Herr Lieferant" aus. Weiterhin kann eine weniger engagierte Verhandlungsführung alarmierend sein – Hauptsache, Sie haben pünktlich ein Angebot für die betreffende Verhandlungsrunde abgegeben. In solchen Fällen können Sie durchaus an den Rand des Bieterkreises gedrängt worden sein. Sprechen Sie solche Vermutungen an und achten Sie auf nonverbale Signale und Anzeichen von Unwahrheiten, wie übertriebene Beschwichtigungen.

## Zur Sache! Um welches Produkt geht es?

Welche Rolle spielt denn bitte schön die Art des zu vergebenden Produkts – sind die Prozesse nicht immer die gleichen?

Nun, im Wesentlichen tatsächlich: Ja. Zumeist wird das Vergabevolumen in Euro den prozessualen Weg durch das Unternehmen definieren. Und demensprechend bunt sehen auch die Agenden der Vergabekreise auf der jeweiligen Entscheiderebene aus.

Dennoch – können Sie sich vorstellen, dass bei einer Schraube die Dinge eben doch irgendwie anders laufen als bei einem Energiespeicher mit Serienstart in einigen Jahren?

Zudem sind dem Autor selbst aus den frühen 2010er Jahren Fälle bekannt, die bei einem Bezug zu strategisch relevanten Vergaben allesamt im Entscheiderkreis des Einkaufsvorstands vorzustellen waren. Auch wenn das Vergabevolumen dies nicht annähernd erzwungen hätte.

Lassen Sie uns ausgewählte Produktarten besprechen, die Ihnen eine Einordnung Ihres Umfangs ermöglichen sollten.

- C-Teile, insbesondere Umfänge ohne Entwicklungsleistung durch den Lieferanten;
- Bauteile oder Systeme mittlerer Komplexität, mit einem gewissen Anteil spezifischer Entwicklungsleistung;
- Systeme hoher Komplexität, spezifisch entwickelt, hohe Entwicklungskompetenz.

Ich lehne mich mit der nun folgenden Aussage etwas aus dem Fenster: Ein großer Unterschied in den Vergaben dieser Komplexitätsstufen wird in den sie bearbeitenden Mitarbeiterprofilen liegen. Mit diesem Aspekt schneiden wir die Facette der vorangegangenen Ausführungen an: „sich führen lassen“ versus „das Ruder in die Hand nehmen“. Bedenken Sie: Durch – nennen wir es – Unzulänglichkeiten auf Seiten des Einkaufs verliert immer einer: Sie.

Einen Auftrag als Entschuldigung für einen lückenhaften Vergabeprozess gibt es nicht.

Konkret könnte dies für Sie bedeuten, dass Sie bei einem Umfang hoher Komplexität und gleichzeitig gutem Gefühl gegenüber dem Einkauf, Ihre Kapazität in Richtung der Entwicklungsabteilung des Kunden verlagern können. Nicht im Sinne eines Maverick-Buyings, vielmehr als ein den „Pflock einschlagen". Ganz anders müssen Sie agieren, wenn Sie ahnen oder gar bemerken, dass Ihr Einkaufssachbearbeiter die nötige Kompetenz und Souveränität in der Sache wie auch im Prozess vermissen lässt. In diesem Fall gilt es, subtil die Führung zu übernehmen, damit sich die Dinge für Sie nicht in eine unerwünschte Richtung entwickeln.

Als letzter und isolierter Abschnitt dieser Ausführungen einige Impuls zu einer Bauteilgruppe, die Ihnen der OEM möglicherweise vorschreibt: sogenannte Setzteile.

Zum Beispiel Halbleiterbausteine. Ein Grafikchip etwa. Es kann aber auch ein weit weniger komplexes Produkt sein, das trotzdem den Wettbewerb Ihrer Zulieferer beschränkt oder gar verhindert. Gleichzeitig wird Ihr Kunde von Ihnen erwarten, dass Sie Ihrer Verantwortung als Zulieferer nachkommen, den Wettbewerb spielen lassen und diesen Erfolg wiederum in Form eines attraktiven Angebots weitergeben. So weit so gut. Allerdings ist höchste Vorsicht geboten, wenn Sie einen gewissen Preis als Vorgabe für das diktierte Produkt verwenden sollen. Was so bequem und einfach klingt (…"na dann verhandelt das mein Kunde für mich"…) hat das Zeug zur waschechten Katastrophe. Der Umstand, ein Setzteil zu definieren, wird bleiben,

Tendenz steigend. Sichern Sie sich jedoch immer und rechtssicher ab, dass Ihre Preisbildung von den tatsächlich erzielten Preisen am Markt abhängen. Und nicht von „Zielpreisen". Die Differenz zwischen beiden kann Ihre Marge sein. Wenn nicht sogar mehr.

## Modelle der Zusammenarbeit

Lassen Sie uns einen Blick darauf werfen, welche Arten einer Zusammenarbeit ein OEM typischerweise unterscheidet. Die Auswirkungen dieser Unterscheidungen wird für Sie von erheblicher Bedeutung sein – wenn auch Sie dies als selbstverständlich erleben. Letztlich gibt es dazu zwar keine Handlungsoption. Ich denke dennoch, dass Ihnen die Hinweise eine Stütze sein werden, was im jeweiligen Zusammenarbeitsmodell mit Ihrem Kunden von besonderer Bedeutung sein kann.

### Portfoliolieferant:

Sie liefern bereits ähnliche oder gar gleichartige Produkte an Ihren Kunden. Dann bedeutet das für Ihren Kunden eine reine Laufzeitverlängerung und/oder Stückzahlerweiterung. Bei Synergieteilen, also beispielsweise hinzukommenden Varianten, kommt der Einmalaufwand für Entwicklungs- und Werkzeugkosten hinzu. In diesen Ausschreibungen werden tendenziell die Junioreinkäufer oder Mitarbeiter mit durchschnittlichem Profil eingesetzt. Sie treffen also auf Personen, die in solchen Fällen Ihre ersten selbstständigen Umfänge verantworten oder „einfach den nächsten Vorgang bearbeiten". Bestandkunde, Bestandsgeschäft, mittleres Kompetenzprofil – das klingt nach „Start, Ziel, Sieg". Aber nehmen Sie solche Fälle ernst: Die Vergabevolumen sind oft dennoch beträchtlich und werden in den gleichen Entscheiderkreisen vorgelegt wie Neuausschreibungen. Ein Lieferant, der in einer solchen Situation seinen Vorteil nutzt, gesalzene Preise aufruft oder kalkulatorische Kostenherleitungen ablehnt, der fällt nicht nur in der betreffenden Einkaufsabteilung in Ungnade, sondern disqualifiziert sich schnell für künftige Ausschreibungen. Hingegen wird ein kooperatives Verhalten in offensichtlichen Monopolsituationen durchaus gesehen und menschlich gewürdigt. Geben Sie also auch in diesen Fällen Ihr Bestes – es kann eine vergleichsweise leichte Übung sein, um Ihren Ruf und den Ihres Unternehmens zu stärken. Als fairer und verlässlicher Partner.

**Entwicklungslieferant und/oder Serienlieferant.**

In diesem Segment sind alle drei Fälle denkbar. Wobei speziell die „oder" Konstellation Aufmerksamkeit bedarf.

Im Fall der Entwicklungs- und anschließender Serientätigkeit befinden Sie sich vermutlich in Ihrem bekannten Leistungsspektrum.

Schreibt Ihr Kunde indes eine Entwicklungspartnerschaft getrennt von einer Serienbelieferung aus – und das geschieht häufig – sehen Sie sich in einem erheblichen Risiko. Und von Anbeginn an in einer fragwürdigen Verhandlungsposition – schließlich werden Sie auf das Gewinnen des Serienauftrages zielen, Doch genau an dieser Stelle kann Ihr Kunde den Wettbewerb spielen lassen. Gegen eine solche Vergabestrategie können Sie sich nicht widersetzen – schaffen Sie mit Ihrem Kunden aber zumindest klare Verhältnisse bezüglich der Nebenwirkungen. Insbesondere, was das Eigentum an den Entwicklungsergebnissen angeht. Hierbei gibt es einige übliche Spielarten. Speziell die Nachvergütung im Fall, das der Auftrag an einen Mitbewerber geht. Ist es für Sie aber nicht möglicherweise von Vorteil, für die Entwicklung auf einen „Verkauf" und damit eine Berechnung zu verzichten, dafür aber auch dann das Eigentum daran zu behalten? Dies dürfte häufig eine smarte Möglichkeit sein, die Ihr Kunde nach einer kurzen Bedenkzeit freudig annimmt. Schließlich konkurrieren speziell in der Fahrzeugentwicklung zahlreiche Aufwendungen miteinander. Ein ganz erheblicher Steuerungsaufwand für einen Fahrzeugprojektleiter und dessen Stab, die vielen Verschiebungen und Erhöhungen zu orchestrieren. Wird einmal ein geplantes Budget nicht in Anspruch genommen, ermöglicht dies häufig die händeringend gesuchte Quersubvention anderer kommerzieller Defizite. Kurzum: hier wird oft schnell und unbürokratisch entschieden. Und Sie behalten die Nutzungsrechte an den Früchten Ihrer technischen Arbeit. Nicht selten soll diese in großen Teilen später an einen anderen Kunden verkauft worden sein. Und das mit stark reduzierter Belastung Ihrer Organisation. Wandeln Sie daher den Vergütungsanspruch eines meist sowieso auf symbolisches Niveau herunterverhandeltes Betrages zuerst in ein Lächeln auf Seiten des nicht gewonnen Kunden. Und später in einen resourcenschonend gewonnen Auftrag an anderer Stelle.

## Erhalt der Anfrage als neuer Lieferant

In diesem Szenario haben Sie in der Regel zwei Projekte gleichzeitig: sich um den eigentlichen Auftrag zu bemühen und dabei ein neuer qualifizierter Lieferant zu werden. Seien Sie sich darüber im Klaren: eine solche Qualifizierung kann sehr aufwendig sein. Insbesondere, wenn es laufend Rückwirkungen Ihrer Eignung auf die Teilnahme am Lieferantenwettbewerb gibt. Häufig laufen Sie dabei in keine offenen Arme. Beispielsweise, wenn es um die Freigabe Ihres Fertigungsstandortes durch die Qualitätssicherung Ihres Kunden geht. Hierbei kann der Einkauf zu Ihrem Verbündeten werden – schließlich ist er es, der den Wettbewerb fördern möchte. Zur Orientierung: Rechnen Sie mit einer zusätzlichen Kapazität von etwa 50 Prozent in Ihrem Projektteam bis zum Abschluss der Ausschreibung. Falls Sie die Ausschreibung nicht gewinnen, sind Sie bei guter Performance wenigstens gelisteter und freigegebener Lieferant. Wenn Sie nicht die nötige Ernsthaftigkeit und Manpower investieren, bleibt Ihnen im Ergebnis nicht einmal das. Seien Sie sich mit Ihrem Topmanagement der strategischen Tragweite eines solchen Neueintritts bewusst. Es gibt zahlreiche positive wie auch negative Beispiele aus der Einkaufspraxis.

Früher war es ein wesentlicher Beweggrund eines OEM, einen Gutteil der Verantwortung sowie den Steuerungsaufwand mittels Vertragsschluss an einen Tier1 abgeben zu können. So ist meist ziemlich klar, wer im Zweifel Schuld hat und auf wen in diesem Fall eingehämmert werden kann. Solange es „nur" um Preis oder zeitlich aufholbare technische Problemstellungen geht – fair. In der Regel wissen beide Seiten, worauf sie sich einlassen. Mit dem Schrecken der jüngeren Neuzeit ist das anders – der Versorgungslücke. Und die hat Ihre Ursachen meist mindestens eine Wertschöpfungsstufe vor dem Vertragspartner, also Ihren Lieferanten. Seitdem überziehen die High-Performance-Organisationen der Hersteller ihre direkten Lieferanten mit Bibliotheken an Vorschriften, senden regelmäßig und weltweit Ihre Spezialisten aus, um die Einhaltung zu auditieren. Und eben auch ab und an in Richtung der Tier2-und-darunter-Industrie. Was bei Giganten wie der Halbleiterindustrie auf Augenhöhe stattfindet, überfordert im Mittelstand schnell eine Organisation. Im Handumdrehen ist dadurch eine „Vollzeitressource" – also ein Mitarbeiter – ausschließlich mit der Betreuung des OEM-Kontakts und seinen Prozessen beschäftigt. Daher gilt es früh und trilateral (OEM-Tier1-Tier2) ein Vorgehen mit Vernunft und Angemessenheit zu finden und zu vereinbaren. Tritt der eigentlich abzuwendende Fall tatsächlich einmal ein, ist diese Achse vom zweiten Tag an handlungsunfähig – soweit liegen Anforderungen, Erwartungen und Leistbarkeit auseinander. Berücksichtigen Sie diesen Erfahrungswert, machen Sie keine leichtfertigen Zusagen, um einen Auftrag zu gewinnen. Im Ernstfall drohen mindestens Reputationsverluste in der Branche, wenn nicht existenzielle Schwierigkeiten aufgrund einer späteren Auseinandersetzung.

## Es menschelt – und wie!

Versetzen Sie sich in die Rolle des verantwortlichen Einkaufsleiters – welches Profil wünschen Sie sich in der Besetzung der knappen Anzahl an Arbeitsplätzen Ihrer Abteilung?

Neben dem obligatorischen Hochschulabgänger mit 20 Jahren Berufserfahrung vielleicht folgendes: einen Kenner des eigenen Unternehmens, etwas Internationalität, Kenntnisse des Produktbereichs. Vielleicht sogar ein früheres Doppelleben mit technischen wie auch betriebswirtschaftlichen Hintergrund. Eloquent und weltmännisch, interessiert an Neuem, motiviert, bereit die Extrameile zu gehen – heute ja Grundvoraussetzung.

Wird schwierig, nicht wahr?

Gut, verstanden. Vielleicht so: Quereinsteiger mittleren Alters, sicher in den gängigen IT-Systemen, in Art und Ausdrucksweise fähig und willens, auf Managementlevel zu agieren.

Auch nicht einfach, aber wenigstens das Profil realer Menschen.

Die Realität in Konzernen ist nicht selten eine andere. Eine „Verbeamtungseinstellung“ ist keine Ausnahme, der Arbeitsalltag in diesen Großunternehmen fördert die Metamorphose vom Idealbildanwärter zum – immerhin – Diensthabenden nach Vorschrift. Zudem ist die externe Einstellung eine Ausnahme, deren Genehmigungsweg lang und steinig und nicht gut für das eigene Ansehen als Führungskraft ist. Weiterhin treiben die verbleibenden internen Stellenausschreibungen merkwürdige Blüten – regelmäßig bewerben sich Profile wie Gabelstaplerfahrer auf solche Ausschreibungen der hohen tariflichen Eingruppierungen.

Weshalb führe ich dies so blumig aus? Weil Sie möglicherweise das Kompetenzprofil Ihres Counterparts überschätzen.

Verstehen Sie mich bitte richtig: ohne den hinter der Rolle stehenden Menschen hier in Abrede stellen zu wollen – aber dieser Umstand kann Sie in einer Akquise den verdienten Auftrag kosten! Damit greife ich den bereits genannten Punkt auf, an dem Sie einschätzen müssen, wie Sie während der Ausschreibung agieren wollen:

Passiv („der Einkäufer führt mich sicher durch den Prozess“) oder aktiv („sich in das Geschehen auf OEM Seite einschalten“). Eine schlicht höhere Frequenz an Kontakthäufigkeit, kritische oder öffnende Fragen beispielsweise. Als ein solcher Key Accounter werden Sie - je nach Ihrer beider Persönlichkeitsprofile- als anstrengend und aufdringlich wahrgenommen. Nicht ideal, keine Frage. Meiner Erfahrung nach spricht daraus aber oft das schlechte Gewissen („oje, der hat ja vielleicht Recht"), weniger ein menschliches Zerwürfnis. Mit etwas Fingerspitzengefühl des Vertriebsmitarbeiters gibt es viel zu gewinnen. Oder zu verlieren.

Für diesen Umstand sind Verträge ein gutes Beispiel. Konfrontieren Sie Ihren Einkäufer mit Einwänden zu dessen AGB, Gewährleistungsvereinbarung oder Details zum Entwicklungsvertrag. Im Gutteil der Fälle werden Sie auf wenig Inhalt und viel Ablehnung stoßen. Aber ein Vertragsthema bis zuletzt auszusitzen kann sich bitter rächen. Es bekommt gelegentlich jemand den Auftrag, der eine Winzigkeit teurer ist, wenn es dafür Vertragssicherheit gibt. Dies bedeutet keinesfalls, dass Sie sämtliche kritischen Bedingungen widerstandlos akzeptieren sollen. Übernehmen Sie in einem solchen Fall vielmehr auf elegante und angemessene Art die Führung („Herr Einkäufer, diesen ungelösten Konflikt in einem Vertragspassus müssen wir bis zur Formulierung des finalen Angebots geklärt haben"). Insbesondere bei Verträgen werden ungeklärte Probleme niemals kleiner, aber oft überwältigend groß.

Bei dieser Abwägung zwischen passiven und aktiven Verhalten bedarf es Berufserfahrung, Menschenkenntnis – und ein sensibles Bauchgefühl. Oft reagieren die am wenigstens kompetenten Einkäufer mit dem größten Dominanzgehabe, sollten sie den Vertreter des Lieferanten als vermeintlich zu selbstbewusst erleben.

Setzen Sie sich also in Ihrem Projektteam mit den Personalien auf Kundenseite fundiert und mehrperspektivisch auseinander!

Mit wem haben es der Einkäufer – und damit direkt oder indirekt auch Sie – intern zu tun?

Die Arbeit des Einkäufers bei einer Ausschreibung bettet sich in der Regel in ein „Vergabeteam" ein. Dort finden sich als weitere Mitarbeiter aus Entwicklung, Qualität, Kostenanalyse, Logistik, Controlling und Produktion.

Weiterhin wird der Prozess flankiert durch Stabs- und Kontrollfunktionen. Diese können unterstützend, wie auch widersächlich agieren. So wird beispielsweise eine Stabsfunktion des Gewährleistungsvertragswesens den Einkäufer kooperativ unterstützen, dennoch läuft die Zielgröße „vorteilhaften Gewährleistungsvertrag abschließen" nicht im unmittelbaren Zielsystems des Einkaufs. Erst in der finalen Entscheidung wird daraus ein Hygienefaktor.

Kontrollfunktionen sind typischerweise in der Projektorganisation verortet. Mit einer gewissen Macht ausgestattet finden sich dort insbesondere Potenzialkandidaten auf dem Weg ins mittlere und obere Management, die dort für einige Jahre Erfahrung sammeln und Netzwerke aufbauen. Hier gibt es ein erhebliches Konfliktpotenzial für das gesamte Vergabeteam. In regelmäßigen Statusreports wird der Projektorganisation berichtet. Ein unerwünschter Fortschritt in einzelnen Vorgängen wird dort hart und stringent verfolgt – Ansätze einer modernen Fehlerkultur sind dort kaum erkennbar. Dieser Umstand trifft Sie als Lieferant indirekt, jedoch nicht weniger hart. Man wird von Ihnen mit Härte Lösungen einfordern, um in diesen Gremien wieder Erfolge anstatt Probleme berichten zu können.

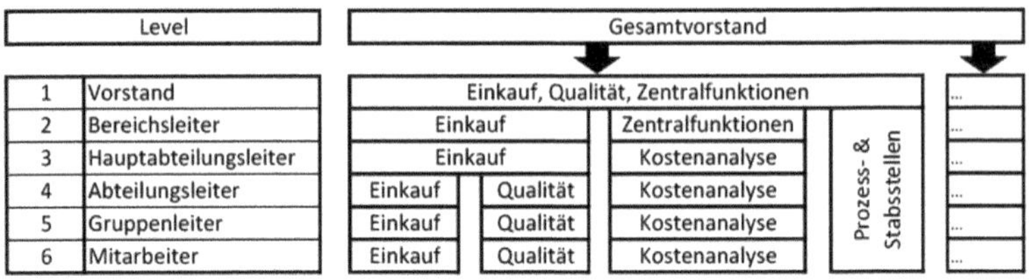


Tabelle 1: Typisches Organigramm

Tabelle 1 zeigt den Ausschnitt einer typischen funktionalen Organisation, in die Ihr Einkäufer fachlich wie disziplinarisch hinein berichten wird. Meist in Form regelmäßiger tagender Entscheiderkreise und Gremien.

Auf eine strenge Zuordnung von Abhängigkeiten oder gar „inoffiziellem Weisungscharakter“ müssen wir verzichten – zu groß sind die Unterschiede zwischen den Konzernen, Bereichen, ja sogar Abteilungen. Dabei spielen Machtgefüge, politische Strukturen, aber auch Karriereabsichten sowie das schlichte Menschsein eine erhebliche Rolle.

Sie sehen jedoch – im Falle einer Eskalation treffen sich bereits in diesem simplen Beispiel des Einkaufsressorts die wesentlichen Stakeholder Ihres Kunden schon weit oben in der Hierarchie.

Lassen Sie uns nun das Zusammenspiel der Funktionen betrachten sowie eingrenzen, wer für Sie im Rahmen der Akquise eine Rolle spielen wird.

In ähnlicher Weise, wie Sie Ihr Akquiseteam funktional aufstellen, tut Ihr Kunde dies in Anlehnung mit den eingangs genannten Funktionen. Neben Vergabeteam gibt es hierfür den weiteren Begriff des „cross-funktionales-Teams“.

Ich unterstelle dabei jedoch einen entscheidenden Unterschied: ein solches cross-funktionales Team mag nach außen noch einigermaßen geschlossen auftreten, ist im Inneren jedoch gespalten, von inhaltlichen Zielkonflikten belastet – und gewaltig unter Druck. Schließlich gibt es nur ein innerhalb der Berichtsstruktur akzeptiertes Ergebnis: das alle Zielgrößen erreicht oder sogar knapp übererfüllt werden. Leichter und stabiler. Billiger bei höherer Qualität. Ein zum technischen Inhalt passender Preis konform zur generischen Preisbildung des Controllings. Ein etablierter Lieferant mit bekanntem Produktionsstandort bei gleichzeitigen Best-cost-country-Ansatz der Kostenanalyse – brown-field hin oder her.

Nun erfolgt in Konzernen die Lieferantenauswahl durch den Einkauf. Das nimmt man tatsächlich sehr ernst. Aber seien Sie sicher: eine solche Entscheidung wird erst getroffen, wenn es vor lauter Zielkonformität kaum noch etwas zu entscheiden gibt.

Diesen Zielführungs- oder Konvergenzprozess erleben Sie auf Ihrer Seite des Tisches im letzten Drittel der Ausschreibung in Form kurzfristiger Termine, überraschender Stimmungswechsel, der Aufforderung nach Preisverschiebungen zwischen Varianten, hektisch angesetzter Werksaudits – blank liegender Nerven eben.

Dies können Sie kaum bis gar nicht beeinflussen.

*Was* Sie beeinflussen können, ist Ihre Haltung gegenüber dem Einkauf. Seien Sie sein Verbündeter gegen seine eigene Organisation. Kein trojanisches Pferd. Ein „trusted advisor". Erinnern Sie sich?

Helfen Sie ihm, Argumente gegen Annahmen der Kostenanalyse oder des Controllings zu finden.

Unterstützen Sie ihn im Hinterfragen stetig steigender Maßnahmen zur Qualitätssicherung.

Ist jede technische Anforderung sinnvoll und angemessen – gerade im Wettbewerbsumfeld?

In dieser Situation können Sie als Lieferant punkten. Profunde und qualifizierte Unterstützung natürlich vorausgesetzt.

Suchen Sie den Dialog mit Ihrem Einkäufer, vielleicht auch in einem der seltenen Meetings mit seinem Vorgesetzten. Nicht als widerspenstiger Gegner, der ständig die Anforderungen in Frage zu stellen scheint. Sondern als vertrauensvoller Partner, der proaktiv für eine Zielführung von technischen und betriebswirtschaftlichen Steuerungsgrößen eintritt.

So hinterlassen Sie im Zahlen-Daten-Fakten-Spiel, wie auch zwischenmenschlich einen bleibend positiven Eindruck.

Wo kaufen Sie eigentlich Ihre Fernseher?

Einige Worte zu Hierarchie und moderner Arbeit...

New work, Empowerment, Kickertische und Obstkörbe – einige Modebegriffe, die als Gegenthese einer überholten Welt entgegenstehen wollen. Und dennoch in manchen Ohren Buzzwords, sei es aus Gründen eines Arbeitsethos, sei es aus dem Erleben einer Soll-Ist Abweichung. Sie wissen schon: Freitag, 17:00, 378 Kilometer einfach, verbale Abreibung.

Wie steht es um die hierarchischen Strukturen in den erfolgreichsten Industrieunternehmen Deutschlands – und was bedeutet das für Sie?

Wie geht es Ihnen bei Einladungen des Kunden? Gehen Sie gerne zu Meetings? Nur zu bestimmten? Nur mit bestimmten Personen oder Gruppen? Wie ist die Stimmung? Liegt immer irgendetwas in der Luft? Wie werden Sie empfangen? Müssen

Sie 15 Minuten über das Werkgelände irren und anschließend eine Raumbezeichnung dechiffrieren?

Vielleicht können Sie sich nach dieser Reflexion sowie nach Überwindung eines ersten Impulses einer Sicht anschließen, die sich mir nach zahlreichen Gesprächen als eine weitere Hybris der aktuellen Zeit darstellt: das Neue tun zu wollen, ohne das Alte sein zu lassen.

Das Neue einerseits, indem Unternehmensprogramme zu Gleichberechtigung, Gesundheit und Feel-good-Maßnahmen ausgerollt werden. Freundliche Büroräume, Homeoffice in Betriebsvereinbarungen und schicke Cafemaschinen in chilligen Get-together-Bereichen.

Während einige Stockwerke über den Shiny-happy-people eine grimmige Runde aus 20 gremienerfahrenen Managern in U-Form sitzend über einen Vortragenden herfällt. Der arme Sündenbock hat bereits zuvor seine nächsten zwei Hierarchiestufen dazu briefen müssen, dass etwas zwar den ursprünglichen Warnungen entsprechend, aber eben doch nicht so lief, wie es sich die Organisation vorgestellt hat. Nach vorne geschickt wurde er trotzdem. Probleme brauchen Gesichter.

„Geht nicht, gibt's nicht. Und wer lächelt, hat noch Reserven."

In unterschiedlicher Ausprägung, im Guten wie im Schlechten, bestimmt diese Koexistenz das Arbeiten und Wirken Hunderttausender Angestellter. Wohin diese Entwicklung mittelfristig auch führt – ich bin hoffnungsvoll – der Mensch tut sich schwer mit gleichzeitig widersprüchlichen Tendenzen. Die Bewältigungsstrategien sind denkbar unterschiedlich – Resignation versus Aggression beispielsweise.

New-work ist nicht No-work. Es ist nur die wörtliche Übersetzung des von Fridtjof Bergmann geprägten Begriffs der „neuen Arbeit" – seine über 40 Jahre alten Ansätze sind vielleicht aktueller denn je. Er meinte offenkundig etwas anderes, als der Anglizismus daraus gemacht hat.

An diesem Punkt könnte die Schnittstelle sein, an der durch das Verhalten der Vertreter beider „Lager" regelmäßig der Kupplungsbelag in Flammen aufgeht.

Ohne eine gewisse Bereitschaft beiderseits, eine Transformation anzuerkennen und nicht nur aus- sondern durchzuhalten, ist dieser Konflikt auch weiterhin systemimmanent.

Allerdings: ein Zeitmaßstab wie der menschliche Generationenwechsel ist um Faktoren zu lang.

Berücksichtigen Sie diese Situation und deren Wirkung auf die beteiligten Menschen. Auf die Implikationen wird in diesem Buch an anderer Stelle näher eingegangen

*„Sei du selbst die Veränderung, die du dir wünschst für diese Welt."* Mahtma Gandhi

## Die Ausschreibung – Verlauf

Beim Einstieg in diesen Abschnitt holt uns nochmals Ihr Produktangebot ein. Ein spezifisch entwickeltes mechatronisches System wird bereits im Vorfeld anders behandelt als ein Norm- oder Katalogteil.

Lassen Sie uns für die folgenden Ausführungen voraussetzen, dass Ihr Unternehmen sich qualifiziert hat und bereits eine Anfrage erwartet – und sich dementsprechend die Prozessabläufe zwischen einfacheren und komplexeren Umfängen wieder deutlich annähern. Auf Seiten des Kunden begegnen Ihnen in dieser Phase Begriffe wie „Anfragereife", „Bieterkreis" sowie konzeptionell freigegebene Pflichten- und Lastenhefte.

In der Regel werden Sie Unterlagen nicht mehr per E-Mail oder Datenträger, sondern über eine cloudbasierte Oberfläche erhalten.

Neben den Tücken bei der Laufstabilität, strenger Eingabevorschriften und User Experience holen diese Systeme kontinuierlich auf und werden künftig mehr Erleichterung denn ein Hemmnis sein, gegen das Sie in Widerstand gehen sollten.

Und selbst, wenn Sie es täten – es wäre ein aussichtsloses Unterfangen.

Damit sind wir bereits bei ersten von noch folgenden Beispielen, bei denen Sie nur zwei Möglichkeiten haben. Mitmachen und Mitspielen. Oder nicht mitmachen und nicht mitspielen.

In dieser Lage verlangt Ihr Kunde schlicht und ergreifend, dass Sie seine Systemlandschaft nutzen – inklusive des Erlernens der Nutzungskenntnisse. An dieser Stelle zahlt es sich einmal mehr aus, den Vertrieb mit einer Unterstruktur nach Schlüsselkunden auszurichten. Wenn dies aufgrund Ihrer Unternehmensgröße, Mitarbeiteranzahl oder Fachpersonal nicht praktikabel ist, setzen Sie zumindest an einigen Stellen zum Beispiel auf Keyuser für einzelne Kunden, so dass in der „heißen Phase“ nicht plötzlich die Angebotsabgabe zur Deadline am Upload des Angebots scheitert. Sie wären nicht der Erste. Seien Sie aber wenigstens nicht der Letzte.

Bis heute begegnen Ihnen im Download manuelle Checklisten, Selbstauskünfte, abzugebende Bestätigungen. Hierzu taucht regelmäßig die Frage auf, inwieweit es von Ihrer Seite erforderlich ist, wirklich sämtliche übergebene Dokumente zu bearbeiten. Ein Umfang von mehreren hundert Seiten ist bereits ohne die Lasten- und Pflichtenhefte erreicht. Verbunden mit dem Hinweis, dass nur vollständig eingereichte Angebote akzeptiert und im Umkehrschluss unvollständige verworfen werden.

Wie also verhalten – insbesondere, wenn Ihnen das Akquiseteam signalisiert, wie aussichtslos eine vollständige Sichtung ist. Ganz zu schweigen von einer inhaltlichen Stellungnahme.

Aus der Praxis würde ich Ihnen – natürlich ohne Kenntnis Ihrer genauen Situation – Mut zusprechen wollen, nämlich zur Lücke.

Wer bekommt das Angebot? Klar: der Einkäufer. Wenn alles seine Richtigkeit hat: nur und ausschließlich der Einkäufer. Im Sinne eines Vier-Augenprinzips vielleicht noch sein Vertreter. Sicher aber nicht das eingangs erwähnt „cross-funktionale Team“. Und wohin geht wohl der erste Blick des Einkäufers? Wenig überraschend: auf die Preise. Das muss sitzen. Heißt also: Preise sind abzugeben, und zwar für alle Kostenarten und Varianten. Gerne noch mehr als das – es sollte Vergnügen bereiten, dieses Herzstück des Angebotes zu studieren. Gescannte, weil paraphierte Pdf-Dateien mit 75 dpi bereiten kein Vergnügen.

Damit eng verbunden ist die Frage, ob Ihre Preise dem Produktspektrum zuzuordnen sind, wie es der Einkäufer selbst vorgegeben bekommt. Varianten typischerweise. Weiterhin sind wesentliche Anfrageprämissen wie Stückzahlen, Zeiträume und Lieferbedingungen eine Pflicht, keine Kür.

Eine besondere Empfehlung aus der Praxis und weil bei weitem noch nicht flächendeckend Standard: die Einführung einer weitgehend „einlesbaren“ Angebotsmatrix. Das kann ein Excel-

Template sein, das Ihr Einkäufer für alle Angebote verwendet und in dem nur die Zellen freigegeben sind, die durch den Lieferanten mit Preisen zu füllen sind. Nichts ist schlimmer, als unter maximalem Druck und buchstäblich „über Nacht“ Angebotsschreiben zu verfassen, in Pdf zu konvertieren – wo es doch „nur noch“ um einige Preisanpassungen geht. Speziell auch bei Anfragen, die eine größere Anzahl von Varianten umfassen, ist es unabdingbar, sich zwischen Vertrieb und Einkauf auf ein Format zu einigen, in dem im Verlauf der Ausschreibung nur noch die Preise ersetzt werden müssen. Sprechen Sie Ihren Einkäufer darauf an – es profitieren beide Seiten von dieser Standardisierung.

Ähnlich verhält es sich mit Fußnoten. „Alle Preise unseres Angebotes unterstellen einen Kupferpreis von 4 Euro pro Kilogramm“. Was ist damit anzufangen, wenn Ihr Angebotspreis zu zehn Prozent durch den Kupferpreis bestimmt wird und dieser zu einem Tageskurs von 5,40 Euro notiert? Gleiches gilt für Arbeitskosten, Annahmen des Produktionsstandortes und vieles andere mehr. Versetzen Sie sich in die Situation Ihres Gegenübers. Was hilft ihm, Ihr Angebot in Art, Form und Transparenz zu mögen?

Das Gefühl auf Seiten des Einkaufs, ein klares, transparentes Angebot ohne Fallstricke und auslegungsbedürftige Inhalte vor sich zu haben, wird es auf menschlicher Ebene vereinfachen, über den verbleibenden „Rest“ konstruktiv zu sprechen und gemeinsam daran zu arbeiten.

Wie aber mit „allen anderem“, also den hunderten von Seiten an Lastenheften, Qualitätsvorschriften, logistischen Anfrageprämissen usw. umgehen?

Schließlich wird gefordert, dass sämtliche Unterlagen zum Zieltermin vollständig bearbeitet vorzuliegen haben.

Pauschal: Verhandeln Sie die Fristen, auf Ebene einzelner einzureichender Unterlagen. Versuchen Sie nicht mittels Nacht- und Wochenendarbeit die Quantität zu bedienen und damit fast zwangsläufig die Qualität zu gefährden. Natürlich mit Maß und Ziel. Aber für Unterlagen, die keinen unmittelbar kommerziellen Bezug haben, wird man Ihnen entgegenkommen.

Also Faustregel: jeder Stakeholder sollte mit Ihrem eingereichten Angebot zunächst versorgt und für seinen Arbeitsbereich (zum Beispiel Technik oder Qualität) ausreichend arbeitsfähig sein. Oft können Sie direkt mit den beteiligten Fachstellen eine Priorisierung der zu dem Zeitpunkt vordringlichen Unterlagen vereinbaren. Damit helfen Sie beiden Seiten – schließlich muss der Mensch gegenüber das eingereichte Material auch bearbeiten. Suchen Sie das Gespräch – ein Vertrauensmissbrauch á la „alles mit dem Erstangebot“, nur um Ihnen das Leben schwer zu machen, wird eine Ausnahme bleiben. Und solange die Fronten nicht verhärtet sind, sprechen immer noch zwei Menschen miteinander. Übrigens: Sie müssen Ihren Einkäufer nicht zum Briefträger machen – sprechen Sie direkt mit den Stakeholdern. In der Regel werden diese als die Verantwortlichen in den Anfrageunterlagen benannt. Sollten Sie auf einen „Alles-über-meinen-Tisch-Einkäufer“ treffen, leisten Sie diesem nachvollziehbaren Anspruch folge. Aber nehmen Sie ihn in seinem Erfüllungsgrad dazu in die Pflicht!

Je nach den Vorstellungen des Einkaufs werden Sie mehrere Runden dieses Prozesses erleben. Dies hat natürlich sinkende Preise als Ziel, indem der Wettbewerb berücksichtigt wird. Oft erhöht sich gleichzeitig die Reife des Anfrageumfangs auf Seiten Ihres Kunden: Anpassung in Bauteilgeometrie oder geforderten Funktionen. Gleiches gilt bei Anforderungen der Qualitätsverantwortlichen. Oder ganz profan: geänderte Stückzahlen über Laufzeit, Peakstückzahlen oder Laufzeitende. Dabei spricht Ihr Kunde häufig von Begriffen wie „Vergabereife“ oder „Freigabe für Entwicklungsziele“.

Lassen Sie uns zur Abrundung dieses Abschnitts die Frage aufwerfen: Wie verbindet man ein eingereichtes Angebot mit einem positiven Kundenerlebnis? Das wäre psychologisch doch clever: maue Preisstellungen mit einem ansprechenden Layout zu überspielen? Nun, das ist überzeichnet, insbesondere, wenn es um „Zahlen-Daten-Fakten“ in einer standardisierten Angebotstabelle geht. Dennoch – ein Angebot darf über die Preisstellung hinaus attraktiv sein. Das geht über die Lesbarkeit (der Standard-Laptop hat eine Bildschirmdiagonale von 14 Zoll), eine klare Struktur, eine Zusammenfassung, welche die Anfrageprämissen aufgreift, eine Benennung von „hot-topics“ oder nachzureichender Dokumente. So weiß man nach wenigen Minuten, woran man bei Ihrem Angebot ist. Das schafft Vertrauen, ein Gefühl von Sicherheit und ermöglicht kurzfristige, positive belegte Reaktionen.

Was können weitere attraktive, weiche Faktoren sein? Ein spezielles Projektteam, bestehend aus beim Kunden bekannten und geschätzten Experten Ihres Hauses beispielsweise. Oder ein Vor-Ort-Support für eine gewisse Zeit, zum Beispiel in der Anlaufphase im Kundenwerk. Welchen Service können Sie bieten, der echten Mehrwert für Ihren Kunden bietet? Die Zeit und den Aufwand des im Konzern gebundenen Mitarbeiters zu reduzieren, steht persönlich hoch im Kurs!

Differenziert sollten Sie bei Themen zu Technik oder Qualität vorgehen. Ein Technik-add-on kann schnell verkehrt werden in: „was sparen wir, wenn wir das weg lassen“. Gleiches gilt für Qualitätsmerkmale, sowohl im Produkt als auch im Prozess.

Sollten sich im Laufe der Angebotsrunden seitens der Qualitätssicherung weitere Ansprüche ergeben, erfahren Sie es früh genug. Prüfen Sie in diesem Fall ernsthaft, ob Sie dem kostenneutral Rechnung tragen können. Seien Sie transparent und hart, wenn sich dadurch Mehrkosten ergeben. Drehen Sie den Spieß herum – Mehrinhalte führen zu Mehrkosten. Mit etwas Fingerspitzengefühl: handelt es ich dabei um einen Vorschlag mit echtem Mehrwert, oder ist etwa ein Mitarbeiter dabei, sich selbst zu verwirklichen?

Zur Abrundung möchte ich Sie motivieren und Ihnen persönlich mitgeben: „Machen Sie mit“, und nicht nur gute Miene zum manchmal zweifelsohne fragwürdigen Spiel einer Ausschreibung. Haben Sie ein großes Herz für den Menschen in seiner jeweiligen Situation– auch wenn es bisweilen schwerfällt. Bedenken Sie, die „interne Vertriebsleistung“, die Ihr Einkäufer in seiner Organisation zu leisten hat. Er muss Ihr Angebot verkaufen.

„People justify with logic, but buy on emotion.“ Das ist psychologisch bestens untersucht.

Arbeiten Sie mit der Natur des Menschen, nicht dagegen. Sonst verlieren Sie.

## Phase der Verhandlung – ein Industrietheater?

Über Verhandlungen wurde schon viel geschrieben. Moderne Formen halten Einzug, psychologisch fundierte Denk- und Verhaltensweisen werden breiten Zielgruppen heute niedrigschwellig nahegebracht. Und – teilweise wirklich erstklassige – Videos auf den Videoplattformen gepostet.

Ihnen möchte ich daher anbieten, das „Verhandeln im Sinne eines Handwerks“ in einer anderen Weise zu behandeln. Erneut möchte ich möchte Ihnen einen Blick aus der Perspektive Ihres Gegenübers anbieten, hinter die Kulissen nach dem bedeutungsvollen Besprechungsabbinder „Sie hören von uns“.

Auch das Thema Haltung ist in diesem Kontext von Bedeutung.

Beginnen wir mit der sicher steilen These der Verhandlung als Industrietheater. „Bedeutende Neuausschreibung verhandelt sich im Wettbewerb von selbst". So hört man es durchaus hin und wieder explizit bei angeregten Gesprächen am Nebentisch der Kantine. Und in einem funktionierenden Wettbewerb stimmt das für Produkte mit einer moderaten Weiterentwicklung gegenüber dem Vorgänger in der Tat erstaunlich gut. Die strenge Prozesslandschaft der Konzerne fördert wohl nicht die Mitarbeiterzufriedenheit der Ausführenden, verhindert jedoch auch unter den Mittelklasse-Einkäufern Überraschungen und Minderleistung. Zu engmaschig ist dieses Netz der Kontrolle, zeitlich wie inhaltlich. In der Praxis wird dadurch nicht alles, aber doch vieles in frühen Phasen entdeckt und ebenfalls prozessual geführt gelöst.

Da wird der Bieterkreis prozessual mit locker einem Dutzend Beteiligter abgestimmt und in einem Entscheiderkreis in einem sieben Minuten Terminslot auf den Punkt gebracht und per Protokoll verankert. Entsprechend professionell und umfassend wird eine solche Vorlage auf dem Weg dorthin abgestimmt. Damit sie möglichst geräuschlos abgenickt werden kann.

Zunächst rate ich Ihnen, den Entscheidungsprozess zu kennen und zu verstehen. Plant Ihr Einkäufer eine Auktion? Oder eine klassische Präsenzverhandlung, wie viele Runden soll es geben? Wer verantwortet den Prozess – der Einkäufer selbst oder kommt sein Abteilungsleiter im letzten Drittel ans Steuer? Oder ist erkennbar, dass es noch eine Etage höher geht? Wo wird die Ausschreibung zur abschließenden Entscheidung vorgelegt – bereits unter Vorstandsbeteiligung? Wie wird mit einer Änderung oder Reifung des angefragten Umfanges während der Ausschreibung umgegangen?

Lassen Sie uns auf diesen Basisinformationen aufbauend die Vorgänge weitgehend chronologisch besprechen.

Für eine abschließende Verhandlung muss klar sein, was zu welchen Prämissen eingekauft werden soll. Um dem Rechnung zu tragen, ist der Prozess zum Erteilen einer „Vergabereife" sehr eng geführt und bemüht sich um Eindeutigkeit.

Ihrem Einkäufer können in dieser Phase große Schwierigkeiten entstehen, die häufig in einer Verschiebung von Vergabeterminen mündet. Zu Lasten der Projektterminplans natürlich. So beispielsweise:

- Technisch bedingt – beispielsweise schränken die Anforderungen den Wettbewerb unzulässig ein;
- Qualität – zum Beispiel können nicht alle Anbieter die geforderten Standards erfüllen oder auch nur glaubhaft deren Einhaltung versichern;

- Zielpreise – die Erstangebote zerstören die anfängliche Hoffnung, zu den seitens des Controllings geforderten Preisen vergeben zu können.

Es geht also bei Weitem nicht nur um den Preis. Schon gar nicht explizit um Ihr Angebot. Sollte dem so sein, würden Sie dies sehr schnell erfahren.

Verwerfungen zwischen den Beteiligten auf Kundenseite dürften für einen Gutteil dessen verantwortlich sein, was Sie als Verschiebung an den Rand des terminlichen Absturzes erleben. Gleichzeitig bietet dies eine gute Gelegenheiten, um Allianzen mit Ihrem Einkäufer zu bilden – in diesen Fällen ziehen Sie nämlich am gleichen Strang in dieselbe Richtung und sind in der Regel nicht Teil des Problems, sondern der Lösung – schließlich streitet sich die Konzernbelegschaft darum, was nun gemeinschaftlich getragen eingekauft werden soll. Sollte diese Situation eintreten, werden Sie eher im- und weniger explizit davon erfahren. Seien Sie ein empathischer Zuhörer für das, was Ihren Einkäufer nervlich und zeitlich beschäftigt. Bedenken Sie: eine einmal gebildete Allianz mit Ihrem Einkäufer muss gegebenenfalls erst einmal wieder aufgekündigt werden, um zum ursprünglichen Zustand zurückzukommen. Dies passiert unter Menschen weniger häufig, als dass sie von Anbeginn an ewige Streithähne bleiben. Insofern kann eine solche Phase eine selten günstige Chance sein, sich mit Ihrem Einkäufer langfristig zu verbünden.

Ist diese Klippe umschifft, dürfte sich der Prozess dem kaufmännischen Endspiel nähern.

Idealerweise haben Sie bereits früh herausgefunden, wie der Entscheidungsprozess aussieht.

Auf welcher Ebene die tatsächliche Entscheidung getroffen wird, ist für Sie von großer Bedeutung – in der Regel gibt es daraus nämlich Hinweise darauf, mit welchen Protagonisten der Hierarchie Sie zu rechnen haben.

An beiden Enden des Spektrums ist die Situation klar: der Einkäufer selbst wird nie die Entscheidung treffen. Nie. Dafür hat er keinerlei Mandat. Auf der anderen Seite wird der Einkaufsvorstand mit an Sicherheit grenzender Wahrscheinlichkeit nicht Ihr Verhandlungspartner sein. Wohl mag die Entscheidung in einem Gremium unter seinem Vorsitz getroffen werden – aus Compliance-Gründen wird es niemals eine einsame Entscheidung geben. Dementsprechend kann die Vorstandsfunktion nicht in Personalunion in eine Verhandlung eintreten.

In den drei, vier oder gar fünf Hierarchiestufen zwischen beiden Endpunkten wird das Ergebnis erreicht. Als Faustregel gilt: die Entscheidung wird gemeinschaftlich in einem Kreis getroffen, der über die Fachlichkeit des Vergabeumfanges hinausblicken kann. Also gerade nicht durch den Gruppen- oder Abteilungsleiter des Facheinkaufs. Unabhängig von diesem sehr revisionssicherem Vorgehen: Sie wären wohl überrascht, wie wenig „Euro“ ein gestandener Abteilungsleiter im Einkauf eines

Dax-Konzern tatsächlich alleinverantwortlich entscheiden kann. In der Regel dürften dies genau Null Euro sein. Workshops mit seiner Abteilung mit nur einem wenig an externen Kosten – da dürfte sich in der Regel auch noch sein Vorgesetzter schwer tun mit einer verbindlichen Entscheidungsbefugnis.

Eine Einschätzung dieser Situation kann Ihnen helfen, eine strategisch wichtige Entscheidung zu treffen: wem gegenüber geben Sie Ihren letzten, Ihren wirklich allerbesten Preis ab. Und danach eben nicht nochmal 1,5 Prozent weniger. Die Klaviatur reicht vom Einkäufer bis zur „1st Line“ unterhalb des Vorstandes.

One-shot, Runde um Runde, Last call oder Vorbehalt eines Very last call lautet also die Frage.

Gemäß einer ärztlichen Grundregel „Häufiges ist häufig (und Seltenes selten)“ würde ich folgende Empfehlung geben: behalten Sie immer noch etwas in petto. Immer. Und wenn auch nur in einer symbolischen Größenordnung. Bereits der Last call durch den Vorgesetzten des Einkaufsleiters hat eine nennenswerte Wahrscheinlichkeit. Für den Fall eines Very last calls – der vermutlich bereits Ihre Geschäftsleitung erreicht – bedenken Sie eines: Hier sind Machtmechanismen im Gange. Selten werden Ihnen die letzten 0,3 Prozent Preisreduzierung tatsächlich auf die Spitze des Attraktivitätstreppchens helfen. Deutlich häufiger will jemand sein Ego bestätigt sehen. Bei dieser Art von Mensch ist es erneut zu empfehlen, mit und nicht gegen die

Psycho(patho?)logie zu arbeiten. Dabei kann Raum für eine Allianz mit dem Einkaufsleiter bestehen. Schließlich ist es dessen eigener Anspruch, das beste Ergebnis durch eigenes Wirken zu erzielen, und nicht durch Aktionen seiner Vorgesetzten. Er steht schlichtweg nicht gut da, wenn über ihm und zu seiner eigenen Überraschung Verhandlungserfolge erzielt werden. Weiterhin ist der Einkaufsleiter einer Produktgruppe für die Einhaltung des Vergabeterminplans gegenüber seinen horizontalen Prozesspartnern verantwortlich.

Was können Sie nun für ihn und mit ihm tun? Kann man beispielsweise den Anruf des Topmanagers und dessen Aufforderung nach weiteren Zugeständnissen gemeinsam antizipieren? Und erst dann eine bereits vereinbarte, aber zurückgehaltene Preisreduzierung formal aussprechen?

So wäre tatsächlich eine Win-win-win-Situation entstanden. Es entsteht keinerlei Schaden für das Unternehmen – lediglich die Effekte werden einer anderen Person zugeschrieben. Dem gegenüber steht der vermeintliche „Belohnungseffekt“ des starken Ober-Verhandlers. Das Vorgehen ist gemeinsam abzuwägen. Sie erkennen an dieser Stelle sicherlich die Stärke einer vertrauensvollen Beziehung zwischen Key Account und Einkauf.

Was die Verhandlungsformate angeht, ist elementar zu unterscheiden zwischen Präsenz- und Onlineformaten. Damit ist weniger das Format „Onlinebesprechung“ gemeint, sondern eine

Methode, die den Faktor Mensch weitgehend aus der Gleichung nimmt. Prominentes Beispiel: die Online-Auktion. Vergleichsweise selten eingesetzt, aber mit steigender Tendenz. Auch aufgrund immer größerer Inhouse-Kompetenz, IT-seitig wie auch in der Konzeptionierung einer E-Auktion. Oft gibt es einige Keyuser, die interessierten Kollegen beratend zur Seite stehen.

Zu den Mechanismen der Versteigerung sind die Bibliotheken des Buchhandels prall gefüllt. Zwar wäre ein Exkurs in spieltheoretische Ansätze reizvoll, ich möchte aber auf einen anderen für Sie relevanten Aspekt eingehen: die „Offsets“, mit denen Sie und Ihre Mitstreiter belegt werden können. Das können Zu- oder Abschläge sein, die Ihnen durch nicht-monetäre Eigenschaften Ihres Angebotes auferlegt oder gewährt werden können. Es liegt auf der Hand, dass die Grenzen einer Wettbewerbsverzerrung einerseits fließend, andererseits aber revisionssicher auszuschließen sind. Nicht selten scheitert das Vorhaben einer Auktion an einem solchen Punkt. Eine rechts- und revisionssichere Vergabe per Auktion ist für den Einkauf eine organisatorische, praktische und zumeist risikobehaftete Hürde. Während in den klassischen „Commodities“ von austauschbaren oder zumindest gut vergleichbaren Produkten konventionelle Verhandlungen ein probates Mittel und Auktionen schlichtweg „oversized“ sind, verhält es sich bei komplexeren Vergabeumfängen häufig genau umgekehrt. Dort würde man die sich selbst steuernde Preisfindung über eine Auktion oft begrüßen, doch so gleichwertig sind die angebotenen Lösungen in vielen Fällen eben nicht. Über eine Auktion ist eine Steuerung („bestes Produkt wird auf den besten Preis verhandelt") nicht mehr möglich. Weiterhin sind die Bieterkreise in diesem Segment oft überschaubar – maximal drei bis vier Lieferanten können überhaupt qualifizierte Angebote abgeben. Wenn sich einmal der Kreis sogar auf nur noch zwei reduziert und einer der beiden eher zu einem Angebot überredet werden musste, kann für den Einkauf aus einer Auktion schnell ein ernsthaftes Problem resultieren. Denn klar ist: Dieses Format der Verhandlungsführung ist obsolet, wenn die erzielten Resultate anschließend klassisch nachverhandelt werden.

Ich unterstelle, dass eine Auktion für Sie als Lieferant immer nachteilig ist gegenüber den anderen Formaten der Verhandlung. Daher meine Empfehlung: Sollten Sie mit einer drohenden Auktion konfrontiert werden, suchen Sie das Gespräch. Unter echtem Interesse können Sie mit den geeigneten Fragen („habe ich mit einem Malus zu rechnen, Hr. Einkäufer") Zweifel und Unbehagen auf Seiten Ihres Kunden wecken – und dadurch möglicherweise einen Beitrag zur Abwendung dieses Verfahrens leisten. Erwägen Sie weiterhin, sich an einen spezialisierten Unternehmensberater zu wenden, der Sie für zwei bis drei Tage begleitet. Sofern Sie bislang keine Erfahrung mit dieser Art der Preisfindung haben, ist diese Investition meiner Meinung nach ein gutes Investment. Und sei es für eine zukünftige Auktion.

Verbleiben die „menschengebundenen" Formate – die Verhandlung von Auge zu Auge. Dazu gibt es im zweiten Teil des vorliegenden Buches bereits zahlreiche praxisnahe Ausführungen.

Wie in sehr vielen Lebensbereichen hat der moderne westliche Mensch kein Wissen- oder Erkenntnisdefizit, sondern viel häufiger ein Umsetzungsproblem. Sollten Sie sich „ertappt" fühlen, reflektieren Sie in einer achtsamen Haltung, wo Sie Unbehagen spüren – beim Wissen oder bei der Übung. An dieser Stelle möchte ich einen persönlichen Tipp geben: Investieren sind in ein Präsenz-Verhandlungstraining. Und zwar für alle Mitarbeiter und Führungskräfte, die Verhandlungen führen. Das Erleben von Rollenspielen mit Videobeweis, zu spüren, wie automatisierte Verhaltensweisen aus dem Unterbewussten unsere willentlichen Handlungen überrunden – das ist ein unvergesslicher Effekt und wird alle Beteiligten auf ein neues Niveau bringen.

Zu zwei Spielarten der Präsenzverhandlung: Ich erlebe einen erheblichen Unterschied zwischen einer klassischen Präsenzverhandlung und einer Parallelverhandlung. Bei der klassischen Präsenzverhandlung werden Sie, ob physisch oder virtuell, aber eben nur Sie, zur Verhandlung geladen. Bei einer Parallelverhandlung hingegen sind sowohl Sie als auch Ihre Mitbewerber gleichzeitig zugegen. Immerhin in unterschiedlichen Räumen oder Onlinesitzungen.

Während im klassischen Format tendenziell eine Langatmigkeit herrscht, ist die Parallelverhandlung eher von einer hektischen Grundstimmung geprägt. Der Einkäufer kann dabei buchstäblich ins Schwitzen geraten – im Fall körperlicher Anwesenheit werden Sie in Ihren Räumen sitzend überarbeitete Angebote abgeben, während Ihr Einkauf diese eilig auswertet. Typischerweise bekommen Sie über die verschiedenen Runden immer wieder ein Feedback zur abgelaufenen Runde, entweder durch einen kurzen Besuch des Einkäufers, einen Anruf oder bloß schriftlich.

Beides wird Sie emotional stark fordern – wobei die Parallelverhandlung den Faktor Mensch deutlich stärker reduziert, während dieser Faktor im klassischen Format eher betont wird. Für beide Fälle können bestimmte Persönlichkeitsprofile ihre Stärken einsetzen. Bedenken und berücksichtigen Sie dies, wenn Sie Ihr Verhandlungsteam personell aufstellen, Rollen verteilen. Entwickeln Sie zudem eine Einschätzung dazu, worin Ihr Vorteil in der Verhandlung liegen könnte und was Ihr Verhandlungsspielraum ist.

Hierfür bieten sich drei Ansatzpunkte an: Technik, Preis oder Preis-Leistung.

Ich betone diesen an sich naheliegenden Umstand, weil nach meinem Erleben alle beliebigen Kombinationsmöglichkeiten vorkommen, während in der Verhandlung auf Seiten des Lieferanten oft eine unglückliche Zuordnung von Vorteil zu Verhandlungsspielraum getroffen wird.

Bespielweise bieten Sie auf ein mechatronisches System erhöhter Komplexität. Ihrer Einschätzung nach ist Ihr Vorteil ein überragendes technisches Angebot. Mag sein, aber die anderen Anbieter überspringen ebenfalls die Hürden der Spezifikation, während die Entwicklungsabteilung Ihres Kunden Ihre technische Lösung bevorzugt. Preis-Leistung ist kein Joker – der Einkauf denkt digital in Erfüllung oder Verfehlung der Spezifikation und sucht den günstigsten Preis. Somit bleibt Ihnen der Preis als Verhandlungsspielraum. Trotz der durch den Kunden anerkannt überlegenen Technik!

Sie wären überrascht, wie häufig genau diese Situation in der Praxis vorkommt. Wie wäre es indes, wenn Sie beginnen, den technischen Inhalt zu verhandeln, und dafür Preisführerschaft signalisieren? Präziser: technische Inhalte herausnehmen, falls der Preis sinken soll. Schließlich ist die Entwicklung des Kunden in Ihr technisches Lösungsangebot geradezu „verliebt". Gerade so die Spezifikation erfüllen, das können Ihre Mitbewerber auch.

Somit bringen Sie den Einkauf in die aktive Rolle und werden mit hoher Wahrscheinlichkeit wertvolle Informationen zu Ihrer eigenen Situation erhalten. Ist am Ende gar Ihr technisches Angebot so überragend, dass man sich praktisch schon für Sie entschieden hat und lediglich versucht, Ihren Preis zu drücken. Ein erfahrener Verhandler auf Seite des Lieferanten wird seine Schlüsse ziehen können. Aber ein erfahrener Verhandler auf Seiten des Einkäufers kommt schnell in eine selbstgeschaffene Zwickmühle.

Dies bringt uns auf den dritten Punkt. Es ist die Frage, ob und wieweit ein sogenannter „unfairer Vorteil" genutzt werden sollte.

Der „unfaire" Vorteil hat nichts mit einem „unanständigen" Vorteil zu tun und schon gleich gar nicht mit juristisch brandheißen Gegebenheiten. Er beschreibt vielmehr einen klaren Vorteil, der beispielsweise den Wettbewerb auf ganz natürliche Weise verzerrt. Das kann etwa ein Patent sein, dass Ihnen technische Überlegenheit ermöglicht. Manchmal ist die bessere Technik sogar günstiger als die weniger Gute – alles aufgrund eines unfairen Vorteils.

Bestimmt kennen Sie den Begriff des Pyrrhussieges. „Noch ein solcher Sieg über die Römer, und wir sind vollständig verloren", hieß es nach der Schlacht bei Asculum 279 v. Chr.

Wie kann Ihnen dies wegen eines unfairen Vorteils ebenfalls passieren?

Nehmen wir an, Sie können eine technische Anforderung mit einem günstigeren technischen Konzept umsetzen als alle Ihre Wettbewerber. Dies nicht aufgrund eines Schutzrechts, sondern schlichtweg, weil Ihr Wettbewerb seine Produktion nicht schnell genug umstellen kann – aus terminlichen Gründen also den Nachteil der kostenanalytisch höherpreisigen Technik anbieten muss.

Der Einkauf muss den Wettbewerb spielen lassen, selbst wenn ersichtlich ist, wer sich durchsetzen wird. Sie weigern sich indes für alle erkennbar und stellen klar, dass Sie kein Krümelchen des zu verteilenden Kuchens abgeben möchten. Mehr noch – Sie entscheiden sich, den Preis gerade eben auf ein Niveau zu bringen, an dem Sie den Zuschlag bekommen.

Sie haben damit einen Einkäufer als Geschäftspartner, der Sie baldmöglichst wieder ersetzen wird – sobald Ihr Mitbewerber die Produktion umgestellt hat. Mehr noch: Er wird Sie wegen Ihres Verhandlungsgebarens nie wieder in einem Bieterkreis aufnehmen. Darüber hinaus wird er möglicherweise allen in der Branche von Ihrem unverschämten Verhalten erzählen. Der Anfang vom Ende – und das mit Erhalt eines Auftrages.

„Wir sollen also unseren Profit dem hochprofitablen Konzern schenken“, werden Sie sich nun vielleicht fragen. Bevor Sie das Buch in die dauerhafte Ablage befördern: nein, nicht ganz.

„Nicht ganz“ in dem Sinne, dass Sie auf Ihren Extraprofit verzichten.

Tastsächlich aber ein Stück „ja“: ich rate Ihnen dazu, etwas zu verschenken, und zwar genau in den Wortsinn eines Geschenks. Etwas, dass man nicht geben *muss*, aber es *kann*. Etwas, das ein Lächeln auslöst. Etwas, dass das menschliche Bedürfnis weckt, etwas zurückzugeben.

## Rohstoffe

Ein Thema, das wir kurz, weil mit klarer Empfehlung behandeln: falls Rohstoffe eine nennenswerte Rolle in Ihrem Preisgefüge spielen, sollten Sie immer (!) eine Preisgleitklausel vereinbaren. In der Phase der Serienbelieferung Ihren Profit zu opfern, um Rohstoffpreiserhöhungen zu kompensieren, ist nicht nur unternehmerisch kaum verkraftbar, sondern zudem extrem frustrierend. Zumal man Ihre Organisation mit weiteren unterjährigen Zusatzzielen belegen wird. Fatal. Eine Preisgleitklausel an der richtigen Stelle der Verhandlung einzubringen hat realistische Erfolgsaussichten. Oder soll Ihr Einkäufer an eine Spielernatur vergeben, die „das im Eintrittsfall schon irgendwie schlucken wird"? Wie so oft: vor Vergabe ist gut verhandeln, nach Vergabe nur noch gut erpressen.

Rammen Sie diesen Pflock daher sehr frühzeitig ein, um ihn später nicht als Verhandlungsmasse opfern zu müssen. Ich verspreche Ihnen: anderenfalls werden Sie in der Phase der Serienbelieferung nicht mehr froh. Ist die Rohstoffpreisentwicklung zu Ihren Gunsten, möchte der Kunde nicht bezahlen. Er möchte den Effekt aber für sich haben, wenn die Entwicklung zu seinen Gunsten verläuft. So oder so – Sie müssen die Verhandlungen führen. Und das in einer Phase, die durch Qualität, Stückzahlen, Lieferterminen und natürlich Jahrespreisverhandlungen geprägt ist.

Bei Notierungen, die einem Index folgen, wird die Organisation Ihres Kunden in der Regel keine Schwierigkeiten haben, eine Gleitklausel abzubilden. Es wird sogar zu einer Steuerungsgröße im Finanzergebnis, mit der gut umzugehen ist. Natürlich gibt es diese Möglichkeit nicht für alle Rohstoffe. Dennoch: was nicht im Wesentlichen durch das Einkaufsergebnis Ihres Unternehmens beeinflusst wird, sondern durch Marktgefüge auch Ihre Mitbewerber trifft, gehört nicht in die individuelle Preisbildung.

Das heißt im Gegenzug: Lohnkosten und ähnliche Preisbausteine sind fix – es ist schließlich Ihr differenzierendes Merkmal, bei dem Ihre Lohnkosten anfallen. Da hilft der Verweis auf die allgemeine Lohnpreisentwicklung nichts.

## Funkstille nach einer Verhandlung – was passiert?

Vorausgesetzt, die letzte Verhandlung ist nicht zu einer verbalen Schlammschlacht ausgeartet oder Ihr Kunde hat Sie zur Halbzeit hinauskomplimentiert – kehrt dennoch in der Woche nach der Verhandlung eine merkwürdige Funkstille ein. Eine beunruhigende Stille in der bis zuletzt regen Kommunikation. Was haben Sie nur falsch gemacht?

Wenn dem wie beschrieben ist – mit großer Wahrscheinlichkeit gar nichts. Stattdessen beschäftigt sich die Organisation Ihres Kunden mit sich selbst. Da werden interne Zielwerte nicht erreicht, Reifegrade in der Technik diskutiert, schlimmstenfalls sogar ein Projektstopp. Alles keine positiven Umstände. Auch nicht für Sie – denn den Zeitverzug müssen mit großer Wahrscheinlichkeit Sie und Ihr Projekttermin aufholen. Aber machen Sie sich keine allzu großen Sorgen um Ihre Performance, denn die beschriebene Situation können Sie kaum beeinflussen.

Es gilt als Faustregel: wenn ein Problem an Ihrem Angebot oder einem Umstand in Ihrem Unternehmen liegt, lässt Sie Ihr Kunde dies zügig wissen. Weiterhin schätzen es wohl die meisten Menschen, wenn Ihnen Unterstützung zugesagt wird. Tun Sie das, und sei es nur, um das Schweigen zu brechen. Am Telefon lässt sich zu den Tagesrandzeiten so manches erfahren. Ein vertrauensvolles Verhältnis vorausgesetzt.

## Die Grenze zwischen Psychologie und Psychopathologie

Sie haben die letzte Verhandlungsrunde hinter sich gebracht? Im Raum hallt ein „wir melden uns bei Ihnen“ nach? Vielleicht sogar mit einem ungefähren Datum?

Keine angenehme Situation, ganz klar. Meist jedoch für beide Seiten. Ihr Einkauf darf nun mit den erzielten Ergebnissen seine internen Prozesse und insbesondere Entscheiderkreise durchlaufen. Ich behaupte: In dieser Situation würden Sie nicht tauschen wollen.

Einige Dinge für Ihre Rückbesinnung während dieser Phase.

Ein tendenziell gutes Zeichen ist ein Kontakt mit Ihrem Einkäufer vor dem erwartenden Datum ohne Zusage. Warum? Wären Sie bereits aus dem Rennen, würde man Sie und Ihre Mitbewerber erst mit Kommunikationsfreigabe zeitgleich informieren. Gleiches gilt, wenn Sie vorne lägen. Der ungeplante Kontaktpunkt wird in aller Regel etwas mit Interesse zu tun haben, manchmal auch mit Nacharbeit und Zugeständnissen. Insbesondere was Angebotsprämissen, nicht-monetäre Zusagen und Themen aus der Vergangenheit („da ist noch eine offene Einigung bei den Gewährleistungskosten von vor drei Jahren“) betrifft. Erinnern Sie sich an das Statement zum Geschenk, beispielsweise aufgrund eines unfairen Vorteils? Diese Situation stellt eine gute Gelegenheit dar, diese noble Geste Ihrerseits aufzugreifen. Man reicht Ihnen geradezu die Hand. Bekommen Sie den Zuschlag denn nicht auch ohne ein Einlenken? Möglich. Vielleicht sogar gut möglich. Aber lesen Sie sich zuvor nochmals die Geschichte des Königs Pyrrhus I. durch.

Ein weitverbreitetes Vorkommnis ist die Nachricht: „Entscheidung ist verschoben“.

Oft gleich um einen Zeitraum, der den Projektterminplan massiv anspannt oder gar nicht mehr haltbar macht. Häufig heißt es dann: Task-force-Modus noch vor Auftragsvergabe. Zeigen Sie Unterstützung der Situation anstatt Widerstand und eine „selber Schuld"-Haltung. Den Umstand brauchen Sie in der Regel nicht auf sich zu beziehen. Meistens stehen dahinter interne Auseinandersetzungen auf Kundenseite, interne Aufträge aus dessen Entscheiderkreisen oder einfach eine Kommunikationssperre trotz getroffener Entscheidung. Das können Sie nur hinnehmen, so schwer es auch fallen mag. Meist wird ohnehin keinem der Beteiligten in dieser Phase langweilig – gilt es doch, den Projektterminplan zu überarbeiten. In Härtefällen hat dies den Start der Aktivtäten mit dem Risiko eines kundenseitigen Abbruchs zur Konsequenz. Dabei kann niemand von Ihnen verlangen, das finanzielle Risiko zu tragen, falls es tatsächlich zu einem Projektstopp mit Ihnen als Partner kommt. Schließlich tragen Sie bereits Risiken in Form von Mitarbeiter- und Kapitalbindung. Zeigen Sie sich dennoch kooperativ, was die Form der Vereinbarung hierzu angeht. Die Unterschrift eines Dax Vorstandes mag in manchen Fällen angemessen sein, ist aber in vielen Branchen kaum beizubringen. Im Wissen, dass auf Basis einer „i.V." Unterschrift nichts für Sie einklagbar sein wird, dürfte dies jedoch eine ausreichend belastbare Grundlage für Kompensationen darstellen. Zudem ist es ein Entgegenkommen, dass man Ihnen nicht vergessen wird.

And the winner is... Die Nachricht ist kurz und schnell überbracht. Im guten Stil per Telefon und erst anschließend schriftlich. Bisweilen umgekehrt.

Sollten Sie Ihr Ziel erreicht haben – Erfolge müssen gefeiert werden. Feiern Sie aber lieber kurz und hart. Vergaben sind häufig zu spät, Ihr Kunde steht in den Startlöchern, Sie hingegen sitzen aus seiner Sicht auf einem Katapult, dessen Abschuss er mit Bekanntgabe der Nominierung betätigt. Es wird also in der Regel zügig losgehen. Sehr zügig.

Sollte die erhoffte Nachricht nicht eintreffen: Trauer ist ein menschliches Grundbedürfnis. Das Leid hingegen nicht. Vereinbaren Sie einen Austausch mit ausreichend zeitlichem Rahmen und lassen Sie sich erörtern, woran es gelegen hat. Das steht Ihnen zu und wird Ihnen in der Regel gewährt. Denn der Grund, weswegen ein anderer den Auftrag erhält, wird meist sehr einfach sein: er war besser als Sie. So einfach, so schonungslos ist die Wahrheit. Damit Ihr Unternehmen nicht die falschen Ableitungen aus der Niederlage zieht – nutzen Sie diese seltene und kaum zu bezahlende Chance, die Gründe für den Misserfolg zu erfahren.

Änderungen nach Vergabe!

Hierauf hat so manch einer unter Ihnen vielleicht gewartet.

Sehr geschäftstüchtig und allzu menschlich. Schließlich kann man das gestresste Ego durch Ansetzen des Verhandlungshebels in der nun „richtigen Richtung“ wieder aufwerten. Zudem lässt sich die klaffende Lücke im Projektbudget verkleinern – und dies sogar zeitlich ideal gestaffelt: durch satte Werkzeugänderungen in der früheren Projektphase, durch unauffällig überhöhte Teilepreiseerhöhungen mit Wirksamwerden in der Serienphase. Macht doch jeder so.

Stimmt. Haben aber die Konzerne auch schon bemerkt.

In einer ersten Reaktionswelle hat man gezielt die Kostenanalytik ausgeweitet und nun auch wertige Änderungen bottom-up kalkuliert. Das hat zwar nichts am Verhandlungshebel zu Ihren Gunsten geändert, jedoch auf Basis von Schamgefühl zu einer Schadensbegrenzung geführt. Weiterhin sind die Genehmigungsprozesse innerhalb der Konzerne zu einem Spießrutenlauf geworden, dessen Hemmschwelle sicherlich die eine oder andere Änderung im Keim erstickt haben mag. Inwieweit dies für Qualität und Kundenorientierung förderlich ist, sei dahingestellt.

Es ist tendenziell noch etwas anderes passiert. Die Zielgeber der Konzerne erkennen zunehmend an, dass – faire – Änderungskosten nicht zulasten eines knallhart limitierten Budgets der verantwortlichen Projektleiter gehen können. Mangels Alternativen bliebe den Steuerungsverantwortlichen kaum etwas anderes übrig, als notwendige Änderungen an der einen Stelle gegen notwendige Funktionen oder Produkteigenschaften an der anderen Stelle einzutauschen.

Und nun – erst recht zugreifen, liebe Lieferanten? Mit dieser Frage möchte ich überleiten auf den letzten Abschnitt dieses Teils, in dem uns Pyrrhus ein weiteres Mal einholen wird.

# Deadlock-Situationen

Das Patt. Die Endposition einer Schachpartie, bei der ein am Zug befindlicher Spieler keinen den Regeln entsprechenden Zug mehr machen kann. Dies ist der Situation einer notwendigen Änderung zu einem offensichtlich überhöhtem Preis nicht unähnlich.

Mit dem wesentlichen Unterschied, dass ein Patt als Remis, also ein unentschieden gewertet wird.

Ihr mehrfach durchgesetztes überteuertes Änderungsangebote hingegen wird man Ihnen nicht wieder vergessen.

Selbstverständlich tragen beide Seiten Verantwortung. Der Einkäufer kann den kostenanalytischen Anspruch nicht zum Minimalanspruch der Verhandlung erheben. Gleichwohl ist auch nach Vergabe immer noch klar, wer Kunde und wer Lieferant ist.

Nun haben Sie eine Aufgabe: Ihren Kunden zu schützen. Meine Einschätzung: In 80 Prozent der Änderungskalkulationen wird ein Vertrieb von der eigenen Organisation betrogen. Und mit dieser Unkenntnis an die Front geschickt. Zwar wird nicht scharf geschossen, aber definitiv das gute Porzellan zerschlagen. Und dies, nachdem man den langen Prozess der Auftragserteilung zusammen durchgestanden hat – und beim nächsten Mal gerne wieder anbieten möchte. Ist das stimmig?

Ein Ansatzpunkt in einer zwischen Vertrieb und Einkauf komplett festgefahrenen Situation kann darin bestehen, eine Ebene zurück und damit wieder in die Technik zu gehen. Die Notwendigkeit ist schließlich dort entstanden. Wenn es nicht um Änderungen aufgrund einer Gesetzesänderung geht, gibt es in der Technik möglicherweise Hinweise auf eine Verursachung. Damit werden beide Verhandler – Sie und der Einkauf – zu Beobachtern und Richtern. Das bringt sie beide zum einen einander wieder näher zusammen, zum anderen erfährt man auf der Ebene der miteinander diskutierenden Techniker oft Erstaunliches, was die kommerzielle Verhandlung in ein neues Licht setzt – und häufig den entscheidenden Durchbruch zu einem Kompromiss bringt.

Haben Sie schon versucht? Vergeblich? Auch das kommt vor. Dann weiter.

## Wenn Dinge komplett aus dem Ruder laufen

Nachfolgend einige Ausführungen der etwas anderen Art. Fernab aller Nickligkeiten, die über Aussitzen, Verhandlungen, Machtausübung und Nachgeben irgendwie und auf den letzten Drücker gelöst werden.

Anregung gefällig?

Stellen Sie sich vor, Sie sind Karosserieteillieferant eines Automobilherstellers und haben ein Serienwerkzeug mit Fertigung in China ausgelöst. Wegen späterer Vergaben und einigen Vorkommnissen während der Serienentwicklung bereits per Luftfrachttransport zum Einsatz in Osteuropa, alles ohne Vorhalt von Korrekturschleifen und mit Anmeldung von Wochenendarbeit – kurz: ohne verbleibende Sicherheit. Eine Weile nach Start der Werkzeugfertigung fällt auf: Es wurde mit einem falschen Datenstand ausgelöst.

Wieso, weshalb, warum – das gilt es aufzuarbeiten. Der Serienanlauf des späteren Fahrzeugs ist nicht nur gefährdet – er kann schlicht nicht so stattfinden wie geplant.

Sicher wird in dieser Lage niemand auf die Idee kommen, ein solches Thema über geordnete Arbeit in einem SE-Team bewältigen zu wollen. In dieser Situation geht es zwar auch und unmittelbar darum, eine geordnete Kommunikation aufzusetzen. Letztlich ist aber klar: Spätestens am übernächsten Tag sprechen die Vorstände miteinander. Und das in einer oftmals überraschend ruhigen, sachlichen und konstruktiven Art und Weise.

Dies sollte Ihr und unser aller Vorbild in Fällen sein, die sich zwischen „Nickligkeit" und „Super-GAU" bewegen – Vernunft unter und zwischen Menschen.

Fälle dieses Kalibers werden Ihnen vielleicht einige wenige Male im Laufe Ihres Arbeitslebens begegnen – aber hoffentlich nicht in jedem Projekt oder gar jährlich. Kommt die Nicht-Lieferung von Produkten oder elementaren Arbeitsergebnisse häufiger in Richtung des Super-GAUs und folgen eigenen Regeln und Abläufen, so gibt es dennoch die rein monetäre Themen zwischen Vertrieb und Einkauf, die sich nicht alleine durch die Schwere des Falls und die dadurch erfolgende Eskalation klären. Ein zusätzlicher, finanziell ungeplanter Werkzeugsatz wie im obigen Beispiel etwa. Realisierbar im Rahmen des Projektterminplans, aber nicht im Konsens der beteiligten Verhandlungspartner vereinbarungsfähig. Zu unmittelbar sind die Auswirkungen auf die Beteiligten selbst. Oder wenn der Einkauf unter sich neu ergebenden Umständen rückblickend schlichtweg den falschen Lieferanten beauftragt hat. Möglicherweise weil der Tier1 die erwarteten Preise seiner eigenen Lieferkette nicht halten und dadurch keine wirtschaftlich tragfähige Lieferung an den OEM realisieren können.

Ob aus Gründen des Gesichtsverlusts, der Entscheidungsbefugnisse oder manchmal gar in einer Verkennung der Ernsthaftigkeit einer Lage: In dieser Situation müssen *Sie* handeln, wenn es Ihr Geschäftspartner auf Augenhöhe nicht tut.

Es kann einen Versuch wert sein, sich auf die Suche nach einem Vermittler auf Seiten Ihres Kunden zu machen. Der Entwicklungsleiter beispielsweise. Aber das ist zwischenmenschlich ein Spiel mit dem Feuer. Und oftmals ist die Zeit für diese Schleife bereits nicht mehr mit dem verantwortungsvollen Handeln in einer Krisensituation vereinbar.

Kontrolliertes Eskalieren ist zumeist ein inhaltlich richtiges und professionelles Werkzeug, um unabdingbar zutreffende Entscheidungen herbeizuführen.

Es gehört sicher einiges an Erfahrung und Fingerspitzengefühl dazu, einen Einkaufsleiter darauf vorzubereiten, dass Sie eine Eskalation einleiten. Selbst im besten Fall wird dieses Gespräch keines sein, das Sie jeden Tag führen möchten. Wägen Sie ab, ob Sie allein oder zu zweit in dieses Gespräch gehen wollen. Ich plädiere in der Regel für eine Ausgewogenheit bezüglich der personellen Präsenz auf beiden Seiten. In diesem speziellen Fall rate ich jedoch dazu, Ihrem Ansprechpartner keine „internen Beobachter", etwa in Person eines hierarchisch gleichgestellten Abteilungsleiters, zuzumuten. Führen Sie dieses Gespräch besser eins zu eins. Diese Persönlichkeiten haben häufig ein sehr stark verändertes Verhalten, wenn ein Prozesspartner oder auch nur ein Mitarbeiter einem Gespräch beiwohnt. Sollten Sie sich dennoch dazu entschließen, zu zweit auftreten zu wollen, stellt die Teilnahme Ihres Vorgesetzen eine Option dar. Aber nochmals Vorsicht: dies müssen Sie in der Terminvereinbarung offenlegen. Eine Teilnahme in derselben Konstellation auf Kundenseite ist dadurch sehr wahrscheinlich. Damit ist die Todsünde einer kontrollierten Eskalation begangen: Ihren Ansprechpartner zu übergehen und ihm keine Möglichkeit gegeben zu haben, die Kommunikation mit Ihnen sowie seinem Vorgesetzen selbst zu steuern – und seinen Chef selbst und ohne Ihr Beisein zu informieren.

Die Empfehlung ist daher das Eins-zu-eins-Gespräch auf hierarchischer Augenhöhe, also beispielsweise zwischen Key Account und Einkäufer oder Vertriebsleiter und Einkaufsleiter.

Auf diesem Weg kann es mit einer empathischen Art und zugleich Klarheit in der Sache eine zeitlich begrenzte und nur kurz schmerzende Angelegenheit sein, Ihren Counterpart über die Notwendigkeit einer Eskalation zu informieren. Idealerweise lässt sich dieses Gespräch bereits nutzen, um den Fahrplan der nächsten Schritte zu vereinbaren. Anderenfalls sollte eine Bedenk- und Reaktionszeit bis zum Ende des darauffolgenden Tages das richtige Maß sein.

Wie geht es dann weiter? Nun, an den Umständen, den Fakten und den bisherigen Aktionen sollte sich nichts geändert haben. Nur die Protagonisten sind nun besser bezahlt. Ernst beiseite – natürlich können sich in dieser Konstellation die Fronten unverändert hart zeigen. Doch oft genug bringt dieser Schritt eine beiderseitige Öffnung. Ob nun bestehende Optionen erneut in Betracht kommen oder gar neue gefunden werden, es geht in die richtige Richtung voran. Und falls nicht? Noch sollte es ein bis zwei weitere Eskalationsstufen geben. Gehen Sie davon aus, dass Sie auf einer Ebene angekommen sind, auf der Sie die Eskalation nicht selbst weiter treiben sollten und auch nicht müssen. Es ist professionell, spätestens jetzt mit Gesprächsnotizen zu arbeiten, die Sie Ihren Gesprächspartnern jeweils am Tag der Besprechung zukommen lassen. In der Regel sollten Drohungen – und sei es nur zwischen den Zeilen – nichts verloren haben. Klarheit bezüglich der Situation und ein Ausblick sind indes geboten. Eine gute Wirkung können Sie erzielen, wenn Sie den beiderseitigen Schaden bei einem weiteren Verzug herausstellen. Bedenken Sie: Sie möchten auch in dieser Lage immer noch Teil der Lösung sein, und nicht des Problems.

## Appell für ein neues Morgen

Die Kunden-Lieferanten-Beziehung ist sicherlich eine Zwangsehe, aber es muss keine unglückliche Ehe sein.

Meiner Wahrnehmung nach wird das Bild der „Unglücksehe" manchmal beiderseits gehegt und gepflegt – und damit zu einer selbst geschaffenen Realität.

Während sich die Welt um die beiden Streithähne weiterdreht und unbeteiligte Beobachter den Kopf schütteln ob so viel Gestrigkeit.

Natürlich – Machtgefüge, Selbstüberschätzung, Geltungsbedürfnis sind typisch menschlich. Aber eben nur an einem Ende der Skala. Am anderen sehe ich Vertrauen, Kooperation, das Bemühen, sich gegenseitig zu stärken anstatt zu schwächen. Miteinander statt gegeneinander.

Klar ist: Wir sprechen über Business, zum Teil in einem Umfeld sterbender Branchen. Ein solche Beziehung kann und soll nicht zum Streicheln auf dem oft zitierten Ponyhof werden.

Dennoch können wir uns in meinem Zielbild aussuchen, an welchem Ende der Skala wir unsere Haltung orientieren.

Neben diesen Aspekten von Haltung und Stil, Persönlichkeit und Charakter, möchte ich Sie ermuntern: Sie können von Ihrem Kunden viel lernen! Irgendetwas muss er richtig machen – bei seiner Größe, Profitabilität, der Attraktivität seiner Produkte und seinem Erfolg, Fachkräften anzuziehen.

Gehen Sie menschlich in Vorleistung – auf der Langstrecke und unterm Strich zahlt sich das aus. Dazu gehört die Erkenntnis: nicht jede Zusammenarbeit soll sein. Beim Hausbau im Privaten sollte man auch von Beginn an ein gutes Gefühl mit seinem Bauträger haben.

Wenn hingegen nach Ende einer Verhandlung beide Seiten ein wenig verstimmt sind und dennoch ein sanftes Lächeln die Lippen umspielt – dann haben beide miteinander mit hoher Wahrscheinlichkeit die Grundlage für ein gutes Geschäft geschaffen.

## Vertragsthemen

Die folgenden ergänzenden Ausführungen mögen Ihnen einen Eindruck geben und Hilfe vermitteln bezüglich des Vertragswesens auf Seiten Ihres Kunden.

Ich behaupte: Viele Einkäufer müssen auf Ihre Fragen zu einem Vertragsthema selbst mit den Schultern zucken.

Auch wenn die Erwartung eine andere ist – verwundern darf es nicht. Sind die Vertragsabteilungen des Konzerns doch als Stabstellen neben den Fachabteilungen organsiert und häufig vielmehr interne Kunden als partnerschaftliche Prozessteilnehmer und Berater. Der Einkauf soll konzernweit vorgegebene Vertragswerke durchsetzen, und zwar ohne auftragsspezifische Anpassungen.

Wie oft lesen Sie die AGB, wenn Sie ein Auto kaufen? Schließlich eine der größeren Ausgaben im Leben. Wenn Sie es tatsächlich einmal versuchen, sind Sie nachher schlauer als vorher? Möglicherweise geht es Ihrem Einkäufer so ähnlich. Die Verträge seines Arbeitsgebers sind wie sie sind – von Volljuristen verfasst. Warum sich also als juristischer Laie einzuarbeiten versuchen?

Es mag in der Tat der effizientere wie auch effektivere Weg sein, im Bedarfsfall die Spezialisten zusammen zu bringen. Im Wissen, dass es Sie als Key Accounter sind, der die Kundenverträge sichten und für Ihre Organisation kommentieren muss, ist es eine wichtige Feststellung, dass der Einkauf häufig fachlich nicht in der Lage ist, auf Augenhöhe mit Ihnen die Inhalte zu erörtern.

Ist das die Gelegenheit, Ihren Vorteil daraus zu ziehen? Einfach die Verträge der Gegenseite ablehnen und Ihre eigenen als Basis einer Beauftragung im Angebotstext heranziehen? Lieber nicht – das kann fatal enden.

Um es klar zu benennen: Die Verträge eines Konzerns mit seinen Lieferanten sind in der Praxis tatsächlich weitgehend wie Sie sind. Punkt. So kann es Ihnen passieren, dass Sie vor einem Download von Anfrageunterlagen aus einem Portal erst die AGB des Kunden akzeptieren müssen, bevor Sie an den gewünschten Schritt der Computeroberfläche gelangen. Hand auf's Herz: In dieser Situation ist ein Auflehnen sinnlos.

Etwas anders mag es für Vertragsarten aussehen, die per se individuell mit Ihrem Unternehmen zu schließen sind. Gewährleistungs- oder Einzelentwicklungsverträge etwa. In diesen Fällen wird Ihnen ein Entwurf zugehen, der in gewissen Grenzen verhandelbar ist. Als Faustregel gilt: Text nicht, Zahlen schon.

Von seinen Textbausteinen wird Ihr Verhandlungspartner – faktisch ebenfalls aus dem Vertragsmanagement und meist Volljurist – nicht abrücken. Möglichweise jedoch in der Anwendung respektive dem Entfall einzelner Bausteine. Üblich sind Klarstellungen oder Verständnisprotokolle zu gewissen Inhalten. Diesen Ansatz einer individuellen Vertragsergänzung in Maßen ist sehr empfehlenswert – hat man doch die Chance auszudrücken, wie gewisse Passagen zu verstehen sind.

Zahlen hingegen sind beinflussbar, aber stellen Sie sich hier auf zähe Gespräche ein. Der Konzern wird sehr darauf achten, einen gewissen Korridor nicht zu verlassen. Bedenken Sie: Hierauf zielt das Vertragsmanagement Ihres Kunden. Nicht auf die

Ermöglichung einer Auftragsvergabe an Ihr Haus, sondern an die Durchsetzung standardisierter Verträge. Stellen Sie sich darauf ein, dass Ihr Einkäufer selbst eine schlichte Ampelschaltung aus seinem Vertragsmanagement zu Ihrem Unternehmen bekommt – und die ist auch noch prominent im Briefing des Topmanagements platziert. Alles außer „grün“ wird eine Vergabe an Sie kaum möglich machen. Dies kommt in der Realität durchaus vor. In dieser Lage wird man den Druck auf Ihnen belassen, mag Ihr Angebot in den nicht-vertragsrelevanten Bereichen noch so attraktiv sein.

Spielen Sie also nicht mit dem Feuer, was den Vertragstext angeht, lassen Sie bezüglich der Zahlen aber nicht alles mit sich machen. Steuern Sie Ihre fachlichen und zeitlichen Ressourcen und beschränken Sie sich auf die Teile, die Ihnen wirklich wichtig sind (aus Sicht Ihrer eigenen Juristen ist natürlich alles wichtig). Balancieren Sie die Erfolgswahrscheinlichkeit und den positiven Effekt gegenüber einer Schädigung Ihrer Außenwirkung und dem möglichen Verlust einer Auftragserteilung aus.

## Versorgungsthemen

Die Versorgungsthemen sind zugegebenermaßen ein etwas dunkles Kapitel, vor allem vor dem Hintergrund der Versorgungsengpässe, wie wir sie spätestens seit dem Jahr 2022 zur Kenntnis nehmen müssen.

Sowohl für Sie als auch für Ihren Kunden stellt ein drohender Lieferausfalls wohl den Supergau dar.

Waren es für einige Zeit häufig Produkte aus dem Halbleitersegment, die für Aufregung in der Lieferkette sorgten, so ist dies aufgrund der Corona-Pandemie auch in allen weiteren und vielfach sicher geglaubten Bereichen geschehen. Wer hätte gedacht, dass Holz oder Frachtcontainer zum limitierenden Faktor werden könnten?

Lassen Sie uns daher in diese Materie mit dem Ziel eintauchen, Sie auf eventuelle kundenseitige Aktionen vorzubereiten. Soviel steht fest: In einem solchen Fall überschlagen sich in der Regel die Ereignisse.

Der wichtigste Rat zu Beginn: Informieren Sie Ihren Kunden sehr frühzeitig.

„Aber dann lässt der mich doch sofort antanzen, ich male nur noch Powerpoints anstatt mich um die Lösung des Problems zu kümmern und habe somit nicht mehr nur ein, sondern zwei Probleme".

Zugegeben: Diese Reaktion ist nicht ganz von der Hand zu weisen. Daher mein persönlicher Platz zwei der Empfehlungen: Installieren Sie einen „Außenminister" für die Kommunikation mit dem Kunden. Diese Person darf natürlich nicht gleichzeitig der Lösungsverantwortliche sein. Insbesondere, wenn Sie die verursachende Komponente selbst fremd beziehen. Sie brauchen in jedem Fall jemanden, der die Kommunikation mit ihrem Kunden auf professionelle Art aufrecht erhält. Andernfalls haben Sie das nächste Problem: einen Kunden, dessen Belieferung gefährdet ist und der Ihnen misstraut. Tägliche Berichtszeitpunkte um 7, 12:00 und 19:00 Uhr an sieben Tagen in der Woche sind in ernsten Fällen nicht ungewöhnlich, sondern die Regel. Glauben Sie mir: Ein solcher Modus gefährdet im Handumdrehen Ihren operativen Geschäftsbetrieb, wenn Sie nicht situationsadäquat aufgestellt sind.

Um die Eintrittswahrscheinlichkeit dessen zu reduzieren, nachfolgend einige Empfehlungen, die allesamt den dritten Platz einnehmen. Verbinden Sie die erste Meldung an Ihren Kunden bereits mit einem Aktionsplan, selbst wenn davon noch nichts abgearbeitet ist. „Lieber Kunde, Problem ist X und ich tue dagegen Y und Z, heute mit folgenden Meilensteinen bis Übermorgen“. Wenn schon Versorgungsthema, dann bitte mit einem soliden Start in Form vertrauensbildender Maßnahmen in der Außenwirkung. Weiterhin: Vereinbaren Sie einen täglichen Jour-fix mit Ihrem Kunden. Andernfalls können Sie lediglich reagieren und im Nu hat Ihr Kunde das Steuerrad in der Hand. Intern wird Ihr Kunde in Abhängigkeit davon, wie kritisch die Situation ist, mit gewisser Wahrscheinlichkeit einen Ausschuss bilden, an den Sie berichten. Das kann Ihr Einkäufer mit seinem Vorgesetzten sein, die fortan als „Task Force“ firmieren. Ebenso können dies spezialisierte Gruppen im Unternehmen sein, in die Sie Ihr Einkauf vermittelt, der daraufhin die Gespräche eher verfolgt denn führt. Hierin liegt für Sie bei allem Aufwand durchaus eine Chance: ein Kunde, der Ihnen vertraut und seinen Beitrag leisten, Ihnen zu helfen. Insbesondere, wenn Sie selbst Opfer Ihrer Lieferkette sind: Versuchen Sie einen Teil der Gespräche trilateral zu führen, also Sie, Ihr Lieferant und Ihr Kunde. Sofern es nichts zu verheimlichen gibt, kann dies nur nützen. Zu guter Letzt: Halten Sie eine geeignete Berichtsform vor. Das beinhaltet insbesondere eine griffige Darstellung der Bedarfsmengen, der erwarteten Liefermengen, der Lagerentwicklung, des Abrisszeitpunktes und der Wiederaufnahme der Lieferungen. Bieten Sie dem Kunden vom ersten Tag an ein Format der Berichterstattung an. Möglicherweise hat er eigene Vorstellungen oder Vorgaben dazu. Werben Sie indes für Ihre Form, denn damit profitieren alle von einem durchgehenden Reporting in der Lieferkette, wenn es sein muss, bis hin zu zwei Wertschöpfungsstufen unter Ihnen.

Bilden Sie mit Ihrem Kunden ein Team zur Lösung des Problems. Über die Frage, wie das Problem eintreten konnte, wird zu sprechen sein – aber nicht in der Akutphase des Problems.

Mit dem Ansatz „Außenminister“, regelmäßige Updates, aussagekräftige und standardisierte Berichte und soweit möglich trilaterale Gespräche ist bereits Entscheidendes installiert.

So manches Mal wird eine Kundenbeziehung durch eine solche Krise gefestigt. Zusammen durch die „Versorgungshölle“ zu gehen, kann nicht nur verbrennen, sondern auch zusammenschweißen.

# Fallstudien: Ganz konkret

Anhand einiger ausgewählte Beispiele sollen die bisherigen Ausführungen nachfolgend plastisch dargestellt werden.

## Case Study Halbleiter-Setzteil

In einer zurückliegenden Vergabe eines elektronischen Steuergerätes wurde seitens des Kunden eine Zwei-Lieferantenstrategie umgesetzt. Dabei wurden Vorgaben zum Einsatz einiger spezifischer Halbleiterbausteine gemacht. Hierfür sollte der Lieferant des Steuergerätes kein eigenes Angebot abgeben, sondern diese ebenfalls noch in Entwicklung befindlichen Halbleiterbausteine als ein durch den Kunden vorgeschriebenes Setzteil behandeln sowie einen vom Kunden genannten Preis annehmen. Hingegen lag die volle Verantwortung des Lieferanten in der Beschaffung der Halbleiter sowie der technischen Integration. Beides wurde über eine Nominierung des Lieferanten und einen Einzelentwicklungsvertrag rechtlich abgebildet. Wie mit dem Bezug über einen Halbleiterhersteller oder einen Distributor umzugehen ist, wurde nicht näher geregelt.

Der Entwicklungsprozess schritt wie geplant voran, die diversen Meilensteine des Bemusterungsprozesses wurden erfolgreich bewältigt.

Als erstes ungewöhnliches Vorkommnis äußerte einer der beiden Lieferanten in einem frühen Stadium des Projekts den

Wunsch nach einem Ausstieg. Die Gründe dafür lagen im unternehmerischen Bereich des Lieferanten und nicht an dem Projekt selbst. Nach harten Gesprächen einigten sich die Parteien letztlich, die Zusammenarbeit zu beenden.

Im Verlauf des Projektes nominierte der OEM einen weiteren Lieferanten, um erneut dem strategischen Plan einer Belieferung durch zwei Lieferanten Rechnung zu tragen. Dabei wurde jedoch kein Entwicklungsauftrag erteilt, wie es ursprünglich der Fall war. Stattdessen handelte es sich um eine reine Fertigung („EMS – Electronic Manufactoring Service“) des durch den Erstlieferanten entwickelten Produkts.

Spät, nämlich erst im Jahr der geplanten Serienfertigung, konfrontierte der EMS-Lieferant des Steuergerätes seinen Kunden damit, dass sich für die vorgeschriebenen Halbleiter nicht annähernd das seinerzeit übermittelte Preisniveau erreichen ließe. Man verlangte eine Kompensation oder eine Durchsetzung der Preise durch den Kunden direkt beim Hersteller der Halbleiter.

Weiterhin erhob der EMS-Lieferant die Forderung einer Preiserhöhung gegenüber dem Vergabestand, da er mittlerweile auf diesem Niveau eine wirtschaftlich tragfähige Serienbelieferung nicht mehr als realisierbar ansah.

In der Aufarbeitung des Themas mussten alle Beteiligten feststellen, wie lückenhaft die Bepreisung der gesetzten Halbleiterbausteine von allen Seiten gehandhabt worden war. Des

Weiteren wurde klar, dass eine direkte Verhandlung des Kunden mit dem Hersteller der Halbleiter rechtlich unzulässig wäre und daher als Option ausschied.

Innerhalb der Kundenorganisation traf das Risiko einer Preiserhöhung gegenüber des im Controlling verankerten Planstandes auf eine ohnehin schon kommerziell angespannte Projektsituation. Eine abgestimmte Haltung nach außen hin war nicht herbeizuführen. Während dieser Phase verschärfte die sich nachteilig entwickelnde Währungskurssituation das Problem weiter.

Eine Verhandlung über den Differenzbetrag führte zu keiner beiderseitig akzeptierten Lösung. Obwohl es sich um eine technische und terminliche Schlüsselkomponente handelte, wurde ein Lieferantenwechsel zum frühestmöglichen Termin nach Serienanlauf in Betracht gezogen. Dazu wurden eiligst einberufene und hochrangig besetzte Gespräche mit möglichen Alternativlieferanten angesetzt.

Es folgte eine sehr intensive Zeit für alle Beteiligten. Letztlich wurde seitens des OEM der Fokus auf eine Versorgung des Anlaufs und die Phase der Stückzahlhochlaufs gelegt und somit den geforderten Preiserhöhungen weitestgehend nachgegeben. Sie entnehmen dieser stark verkürzten Darstellung sicherlich, mit welcher Härte auf Kundenseite reagiert werden kann – und dies in einem Fall, bei der man die Schuld nicht einmal vollständig dem Lieferanten zusprechen kann. Interessanterweise kam es dennoch im Verlauf der Serienbelieferung zu keinem weiteren Lieferantenwechsel, obwohl dieser seitens des Einkaufs vorbereitet worden war. Zu groß war in einem Umfeld gestörter Lieferketten – insbesondere im Halbleitersegment – das Risiko eines Lieferausfalls.

Die Zielsysteme in großen Unternehmen in Kombination mit verteilten Entscheidungskompetenzen sowie manchmal auch einem Personenkult und verletztem Stolz lässt schwierig gelagerte Fälle oft noch weiter eskalieren – mit großen zeitlichen und nervlichen Verlusten auf beiden Seiten. Doch Hartnäckigkeit auf Seiten des Lieferanten zahlt sich dabei manchmal aus. Zudem muss die Geschäftsbeziehung keineswegs auf ewig darunter leiden, insbesondere, wenn es sich um eine inhaltlich begründete und nachvollziehbare Forderung handelt.

## Case Study Innovationsvergabe

Ein Bestandlieferant gewinnt eine weitere Ausschreibung und erhält die Beauftragung zur Entwicklung und späteren Serienfertigung eines technischen Systems.

Im Laufe dieser Produktentwicklung platziert er ein weiteres Vorentwicklungsprodukt, das er dem Kunden mit einer zeitlichen Exklusivität anbieten möchte.

Das Produktangebot interessiert den Kunden und er entschließt sich intern, das Innovationsprodukt einsetzen zu wollen. Es ist kein Mitbewerber bekannt, zudem bietet die Kombination mit der ursprünglichen Entwicklung des zuerst vergebenen Systems praktisch uneinholbare synergetische Vorteile. Erwartungsgemäß führt die kurzfristige Suche des Einkaufs nach Alternativlieferanten zu keinem Ergebnis.

Es liegt eine monopolistische Situation vor, mit der die Konzernstruktur nicht umgehen kann. Verletzt diese den Grundsatz einer Vergabe im Wettbewerb, lässt die Situation keine Zielherleitung durch das Controlling zu und ermöglicht keine verwertbare kostenanalytische Bewertung – kurzum: Alles ist anders.

In der Tat läuft die beschriebene Situation in der bewährten Prozesslandschaft eines Konzerns Gefahr, an sich selbst zu scheitern. Sämtliche aufeinander aufbauenden Entscheidungsprozesse, die übliche kontinuierliche Reifegraderhöhung „Zug um Zug“ sowie Runde um Runde entfallen.

Zudem lässt sich die Wettbewerbssituation – wenn auch unausgesprochen – am Markt nicht gänzlich verheimlichen. Schließlich ist der Anbieter bereits der gesamte Markt.

Im Ergebnis ist eine Entscheidung mit der erlösenden Nominierung nur in einem zähen Ringen um eine etwas verbesserte Preisstellung möglich. Einen wesentlichen Beitrag dazu stellt die Bereitschaft des Lieferanten dar, zur Gesichtswahrung des Einkaufs preislich entgegenzukommen. Wohl spielen auch das Interesse an einer Markteinführung und die Amortisation von

Grundentwicklungs- und Industrialisierungskosten eine maßgebliche Rolle.

Prozessexzellenz und unternehmerischer Mut hingegen sind nicht die Erfolgsfaktoren dieses Fallbeispiels.

## Serienvergabe mit wenig technischem Wettbewerb

Die Ausschreibung eines in Volumen und technischen Umfang bedeutenden Produkts läuft zunächst wie geplant und gewohnt. In technischen Vorgesprächen werden die Anforderungen des Kunden mit dem Leistungsumfang der in Frage kommenden Lieferanten abgeglichen. Mit geringem zeitlichen Versatz legt das Unternehmen unter prozessualer Führung des Einkaufs den Bieterkreis fest und lässt diesen in einem Entscheiderkreis unter Einbeziehungen der internen Stakeholder festschreiben.

Die Anfrageunterlagen gehen den Lieferanten zu und im Rahmen des angesetzten Vergabeterminplans gehen die Angebote für die erste und später die zweite Runde ein. Eine Routine auf hohem Niveau für alle Beteiligten.

Im letzten Drittel des Vorgangs, das heißt zirka zwei bis drei Monate vor Lieferantennominierung gibt es eine ungewöhnliche Häufung unplanmäßiger Vorkommnisse. Ein Lieferant zieht sich aufgrund eines parallel gewonnen Auftrags aus der Ausschreibung zurück. Ein weiterer wird aufgrund seines Fertigungsstandortes sowie offenen Qualitätsthemen einer anderer

Commodity für anstehende Vergaben durch die Gesamteinkaufsleitung gesperrt. Der dritte Lieferant des Quartetts fällt in der Bewertung seitens der internen Entwicklung immer weiter zurück. Sogar eine „No-go"-Bewertung durch den Entwicklungsleiter steht im Raum. Der verbleibende Lieferant ist in Preisgestaltung, Selbstbewusstsein und strategischer Bedeutung hingegen die letzte Wahl des Einkaufs. Aufgrund der Situation lässt man nicht die gebotene Vorsicht in den Verhandlungen walten – es besteht ein tatsächliches Risiko, das Produkt nicht im erforderlichen Zeitrahmen platzieren zu können. Es liegt ein nicht akzeptables unternehmerisches Risiko vor, aber das Produkt wird für die Verwendung in einem größeren System benötigt.

Es entbrennen interne Grabenkämpfe zwischen Einkauf (kein Wettbewerb, Zielverfehlung), Qualität (Sperrung eines Lieferanten aufgrund Standort- und Teilequalität) sowie Entwicklung (drohender Ausschluss der dritten Lieferanten aufgrund technischer Bedenken). Alle Beteiligten investieren Ihre Kapazität in diese internen Vorgänge.

Ohne Lösung. Keine Partei ist im Unrecht, jede hat Ihre berechtigten Gründe. Wie üblich ist eine Zielwertanpassung durch das Controlling zur Schließung der kommerziellen Ziellücke ein fruchtloses Bemühen. Zu streng sind die Grenzen, gegeben durch die Komplexität des übergeordnetem Gesamtsystems.

Die Lösung ergibt sich erst, als die Sperrung eines Lieferanten berechtigt aufgehoben wird. Der Grund für die Sperrung war zu beseitigen. Ein Fall, in dem es um wenige Tage bis zum Point-of-no-return ging.

## Serienvergabe mit wenig kommerziellem Wettbewerb

Eine neuartige Funktion soll in Form eines elektromechanischen Produkts durch einen Zulieferer entwickelt und in Serie gebracht werden. Die Erwartungen an die Größe des Bieterkreises werden nicht erfüllt. Es finden sich lediglich zwei Lieferanten, denen der Kunde eine Umsetzung zutraut. Dem gehen harte interne Diskussionen voraus, welche technischen Forderungen zu stellen sind, wie und mit welchen personellen Kapazitäten die Einkaufs- und die Qualitätsabteilung diesen Umfang ausstatten. Schließlich ist das Vergabevolumen verglichen mit den Vergaben des Tagesgeschäfts vernachlässigbar und bindet aufgrund des höheren Betreuungsaufwandes zwei bis drei Mitarbeiter. Mit der gleichen Anzahl an Mitarbeitern werden die größten Ausschreibungen der Einkaufsabteilung bewältigt.

Es deutet sich bald an, dass einer der beiden Lieferanten nicht die erwartete Motivation für das auch zeitlich ambitionierte Unterfangen mitbringt. Aufgrund von Art und Umfang entsteht keine vertrauensvolle Arbeitsbeziehung.

Die erste Anfragerunde zeigt, dass beide Lieferanten zwar in einer vergleichbaren Höhe anbieten, beide jedoch weit über den Zielvorgaben liegen, die im Unternehmen für diese Komponente im Vorfeld vereinbart und verabschiedet wurden.

Die einzige Handlungsoption des Einkaufs, den Wettbewerb zwischen beiden Lieferanten spielen zu lassen, zerschlägt sich durch das Verhalten des unkooperativen Lieferanten. Weiterhin scheitert der Versuch des Einkaufsleiters, intern eine Single-Source-Vergabe oberhalb der kommerziellen Zielwerte durchzusetzen, an internen Widerständen.

In dieser internen Patt-Situation gerät der Projektterminplan in ernsthafte Gefahr – der erste Reifegrad lässt sich bereits nicht mehr in Hardware realisieren.

Im Ergebnis und unter erheblichen nervlichen Anstrengungen wird die Komponente mit massiver Verspätung an den kooperativen Lieferanten vergeben. Zum einen durch eine gewisse, aber überschaubare Preisreduzierung. Zum anderen durch das gemeinsame Vorgehen von Entwicklung, Einkauf und Qualität gegenüber der internen Projektorganisation. Nach einem überproportional arbeitsintensiven Prozess werden die Zielvorgaben auf das Verhandlungsergebnis angepasst und die Entscheiderkreise können Ihrer Aufsichtsfunktion nachkommen und die Entscheidung zur Beauftragung freigeben.

# Über die Autoren

## Hanno Goffin

Hanno Goffin bietet als Interim Manager aktive Unterstützung bei anspruchsvollen Wachstumszielen, Stärkung von Profitabilität und Cashflow, Führung kritischer Kundenprojekte und im Veränderungsmanagement.

### Kompetenz und operative Verantwortungsbereiche

Er ist seit über 13 Jahren als Interim Manager tätig und bietet Ihnen insgesamt eine mehr als 30-jährige internationale Erfahrung bei Top-Unternehmen der Automobilzulieferindustrie in den strategischen und operativen Bereichen Geschäftsführung, Vertrieb, Projektführung, Change und Restrukturierung. Er führte Unternehmen, große Business-Units, Vertriebs- und Entwicklungsbereiche sowie große Projektorganisationen. Der Einsatz war sowohl bei Konzernen, großen und kleineren Mittelständlern als auch Start-up-Unternehmen.

Die Kompetenz im Bereich Vertrieb und Geschäftsentwicklung stärkt Ihren Erfolg durch die Kenntnisse in zahlreichen Vertriebswerkzeugen, erfolgsfokussierter Gesprächsführung und Verhandlungskompetenz. In Projekten der Veränderung und Restrukturierung gewinnen Unternehmen zusätzliche Chancen zu Wachstum und höherer Profitabilität.

Den Erfolg in stark strategisch-operativen Einsätzen gewinnen Sie nicht nur dank der 30-jährigen internationalen Erfahrung bei Spitzen-Unternehmen der Branche. Zusätzlich gewinnen Unternehmen die operative Umsetzung und Ergebnisse aus den Resultaten seines umfangreichen Benchmarking- und Forschungsprojekts: „Was machen die besten Unternehmen besser als die Guten?“ Auf Basis der Daten und Ergebnisse der renommiertesten Institute der Welt (Harvard, Stanford, MIT, McKinsey, BCG u. v. m.) gewinnen Sie mit den Resultaten aus über 50.000 Unternehmen eine einmalig empirisch abgesicherte Basis für erfolgreiches Management und die entsprechende operative Umsetzung in gemeinsamen Projekten.

Internationale Erfahrung und Kompetenz resultiert aus elfjähriger Auslandserfahrung in verschiedenen Ländern.

Firmen haben sein Wissen auch in Firmenseminaren für Mitarbeiter in der angewandten Praxis genutzt und damit auch langfristig für ihre Mitarbeiter gesichert.

**Basis des Erfolgs**

Das Studium des Maschinenbaus an der RWTH Aachen und ein MBA der SDA Bocconi, eine der Top-5-Managementschulen in Europa, sichert Ihnen auch die kompetente Basis. Aufgrund seiner langjährigen Auslandstätigkeiten spricht er auch in internationalen Projekten und Verhandlungen mit Ihren Kunden verhandlungssicheres Englisch, Französisch und Spanisch. Italienisch spricht er konversationssicher.

**Weitere Veröffentlichungen**

Hanno Goffin ist Autor verschiedener Bücher und Veröffentlichungen im Bereich Unternehmensführung, Management und Interim Management.

**Kontakt:**

Hanno Goffin
Hoffmannstr. 36, 40885 Ratingen
E-Mail: Goffin@hannogoffin.com
Tel.: +49 172 6360452
Web: https://hannogoffin.com

# Andreas Jüstel

Andreas Jüstel ist Diplom-Ingenieur und selbstständiger Partner der Mittelstandsberatung Expense Reduction Analysts. Zuvor war er fast zwei Jahrzehnte in der Automobilindustrie tätig.

Nach dem Einstieg über die Tier1-Zulieferindustrie hat er 15 Jahre bei der BMW AG in München gearbeitet. Im häufigen Wechsel seiner Aufgaben lernte er als Führungskraft das Innerste des erfolgreichen Automobilkonzerns kennen. Sein Weg führte ihn durch Entwicklungs- und Einkaufsabteilungen von Sitzen, über Heizklimasysteme und hochmoderne Steuergeräte bis hin zu Stabsstellen in der Gesamtfahrzeugentwicklung und -projektleitung.

Heute stellt Andreas Jüstel sein Wissen und seine Erfahrungen Firmen und Unternehmern zur Verfügung. Hierzu zählen Interim- und Beratungsmandate in technisch orientierten Branchen, insbesondere in der n-Tier-Kette des Automotivesektors.

Als Partner der Unternehmensberatung Expense Reduction Analysts führt er Kosten- und Prozessoptimierungen für den Mittelstand in der gesamten DACH-Region durch und unterstützt dadurch den Erhalt und Ausbau der Wettbewerbsfähigkeit seiner Kunden – in einem erfolgsabhängigen Honorarmodell.

Unterstützt werden Kunden in der Produktionskostenoptimierung und Methodenkompetenz. Konkrete Umsetzungsberatung in den Bereichen Einkauf und Sachkostenoptimierung, Marketingeinkauf, Supply Chain Management, Einkauf von Rohstoffen und Global Sourcing, Mobility Management, Personalnebenkosten und Zeitarbeit, Abgabenoptimierung (Energie, Berufsgenossenschaftsbeiträge), Banking, IT und Digitalisierung runden das Portfolio ab. Bei Einrichtungen der öffentlichen Hand liegt die Kompetenz vor allem im rechtssicheren Ausschreibungswesen.

In Deutschland, Österreich und der Schweiz haben in den vergangenen zehn Jahren mehr als 3.000 Unternehmen Expense Reduction Analysts vertraut. Jährlich kommen über 250 neue hinzu, über 1.500 Projekte werden so abgeschlossen.

Seine Leidenschaft liegt in der abwechslungsreichen Zusammenarbeit mit KMU-Unternehmen, die in einer vertrauensvollen Beziehung von einem maßgeschneiderten Konzept profitieren möchten. Die Übersetzung von abstrakten Aufgabenstellungen auf einem hohen Level hin zu konkreten Arbeitspaketen und messbaren Ergebnissen ist seine methodische Stärke – im Interim Management wie auch der Unternehmensberatung

Er lebt und arbeitet in München.

Sie erreichen Andreas Jüstel über LinkedIn unter www.linkedin.com/in/andreas-juestel oder über de.expensereduction.com/find-a-consultant/andreas_juestel sowie unter +49 174 3843414 und ajuestel@expensereduction.com.

# Bücher im DC Verlag

## Fachbücher „Von Interim Managern lernen“

Das Diplomatic Council (DC) veröffentlicht gemeinsam mit United Interim (UI) die Fachbuchreihe „Von Interim Managern lernen“ mit den beiden UI-Gründern und Geschäftsführern Dr. Harald Schönfeld und Jürgen Becker als Herausgeber. Interim Manager bewältigen im Laufe ihres Berufslebens überdurchschnittlich viele betriebliche Herausforderungen bei unterschiedlichen Unternehmen und verfügen daher über besonders viel Praxiserfahrung. Der Autor und Herausgeber des vorliegenden Bandes, Hanno Goffin, steht exemplarisch dafür. Alle Bücher der Reihe orientierten sich an der Leitlinie „Interim Manager berichten aus der Praxis“.

**Interim Manager berichten aus der Praxis: Automotive**, Reihe „Von Interim Managern lernen“, Jürgen Becker, Ulf Camehn, Ludek Cermak, Hanno Goffin, Ralf-Peter Hanrieder, Dr. Dr. Stefan Hohberger, Andreas Kälber, Dr. Gerhard Müller-Spanka, Frank P. Neuhaus, Christine Pfisterer, Christian Ritzer, Dr. Harald Schönfeld, Jane Enny van Lambalgen, 404 Seiten, Paperback, ISBN 978-3-947818-29-7

**Interim Manager berichten aus der Praxis: Maschinen- und Anlagenbau**, Reihe „Von Interim Managern lernen“, Jürgen Becker, Eckhart Hilgenstock, Falk Janotta, Peter Lüthi, Hans-Rolf Niehues, Manfred Richter, Dr. Harald Schönfeld, Dr. Uwe Seidel, Götz Stapelfeldt, Michael Weimar, 300 Seiten, Paperback, ISBN 978-3-947818-75-4

**Interim Manager berichten aus der Praxis: Business Transformation**, Reihe „Von Interim Managern lernen“, Hrsg: Dr. Harald Schönfeld, Jürgen Becker, ca. 380 Seiten, Paperback, ISBN 978-3-98674-009-2

**Interim Manager berichten aus der Praxis: 30 Jahre Restrukutierung – ein Erfahrungsbuch**, Reihe „Von Interim Managern lernen“, Hrsg: Dr. Harald Schönfeld, Jürgen Becker, ca. 360 Seiten, Paperback, ISBN 978-3-98674-038-2

**Resiliente digitale Lieferketten** – Operational Excellence im Supply Chain Management, Jane Enny van Lambalgen, 72 Seiten, Paperback

**Marketing- und Sales-Intelligenz im Maschinen- und Anlagenbau**, Eckhart Hilgenstock, 76 Seiten, Paperback, ISBN 978-3-98674-020-7

**Technischer Einkauf im Maschinen- und Anlagenbau**, Manfred Richter, 84 Seiten, Paperback, ISBN 978-3-98674-018-4

## Sachbücher

**Denken 4.0** – Welt im Umbruch. Was die klügsten Köpfe eines globalen Think Tank über unsere Zukunft denken. Buddhi K. Athauda, Thi Thai Hang Nguyen, Andreas Dripke, 332 Seiten, Hardcover, ISBN 978-3-947818-00-6

**Mein Atomknopf ist größer** – America vs. North Korea. Jamal Qaiser, 184 Seiten, Paperback, ISBN 978-3-947818-01-3

**Stasi 2.0** – Wie wir durch den staatlich-industriellen Digitalkomplex zu gläsernen Bürgern werden und was das für unsere Zukunft bedeutet. 2. aktualisierte Auflage, Andreas Dripke, Markus Miksch, 444 Seiten, ISBN 978-3-947818-05-1

**Rechtsruck** – Wie das Wiedererstarken des Nationalismus Deutschland in die Katastrophe führt. Anonyme Autoren, 660 Seiten, Paperback, ISBN 978-3-947818-06-8

**Pandemie** – Die Welt im Corona-Krieg, 2. aktualisierte Auflage. Andreas Dripke, Markus Miksch, 148 Seiten, Paperback, ISBN 978-3-947818-13-6

**Covid-19 Falsche Pandemie** – Die fatalen Fehler der WHO und ihre verhängnisvollen Folgen. Jamal Qaiser, Markus Miksch, 234 Seiten, Paperback, ISNB 978-3-947818-15-0

**Die Dekade 2020-2030** – Das kommt auf uns zu!, Andreas Dripke, Hang Nguyen, 362 Seiten, ISBN 978-3-947818-17-4

**75 Jahre UNO** – Macht und Ohnmacht der Vereinten Nationen. Andreas Dripke, Hang Nguyen, 330 Seiten, Paperback, ISBN 978-3-947818-07-5

**Corona und Impfen**, Andreas Dripke et al., 188 Seiten, ISBN 978-3-947818-18-1

**Hacker** – Angriff auf unsere Computer-Zivilisation, Anonyme Autoren, 432 Seiten, ISBN 978-3-947818-23-5

**2045** – Das Jahr, in dem die Künstliche Intelligenz schlauer wird als der Mensch, Andreas Dripke, Dr. Horst Walther, 104 Seiten, Paperback, ISBN 978-3-947818-57-0

**Migration nach Europa** – Wir schaffen das und die Folgen, Anonyme Autoren, 510 Seiten, Paperback, ISBN 978-3-947818-32-7

**Auto** – Vom Diesel-Desaster bis zum selbstfahrenden E-Auto, Autorengemeinschaft Diplomatic Council, 572 Seiten, Paperback, ISBN 978-3-947818-09-9

**Digitale Disruption** – Alles wird anders, Andreas Dripke et al., 216 Seiten, Paperback, ISBN 978-3-947818-34-1

**Welt ohne Bargeld** – Bitcoin und andere Kryptowährungen, Andreas Dripke, Stephanie Stoerk, 176 Seiten, Paperback, ISBN 978-3-947818-41-9

**Die biometrische Vermessung der Menschheit**, Andreas Dripke et al., 212 Seiten, Paperback, ISBN 978-3-947818-39-6

**Apple Car** – Wie der iKonzern das Auto neu erfindet, Andreas Dripke et al., 284 Seiten, Paperback, ISBN 978-3-94-7818-43-3

**Der Wahn mit dem Datenschutz**, Marc Ruberg et al., 136 Seiten, Paperback, ISBN 978-3-947818-51-8

**Die Apple Agenda** – Welche Märkte der iKonzern künftig revolutionieren wird, Andreas Dripke et al., 260 Seiten, Paperback, ISBN 978-3-947818-47-1

**Hilfe, wir werden gechippt!** – Vom Mikrochip unter der Haut bis zum Hirnschrittmacher, Andreas Dripke et al., 176 Seiten, Paperback, ISBN 978-3-947818-55 -6

**Denken 5.0 – Was die klügsten Köpfe eines globalen Think Tank über unsere Zukunft denken**; Andreas Dripke, Claude Piel, Detlef Schmuck, Dr. Harald Schönfeld, Helmut von Siedmogrodzki, Stephanie Stoerk, Dr. Horst Walther; 292 Seiten, Paperback, ISBN 978-3-94-7818-36-5

**Cyber War** – Die digitale Bedrohung, Marc Ruberg et al., 244 Seiten, Paperback, ISBN 978-3-947818-45-7

**Digitale Identität** – Unser Zwilling im Datennetz, Andreas Dripke et al. 164 Seiten, Paperback, ISBN 978-3-947818-53-2

**Ewige Pandemie – Freiheit ade**, Andreas Dripke, Markus Miksch, 204 Seiten, Paperback, ISBN 978-3-947818-59-4

**Der digitale Euro** – Computergeld statt Bares, Andreas Dripke, Stephanie Stoerk, 232 Seiten, Paperback, ISBN 978-3-947818-61-7

**Europa am Scheideweg** – Was Europa tun muss, um seine Zukunft zu retten, Andreas Dripke, Hang Nguyen, Dr. Horst Walther, Paperback, ISBN 978-3-947818-65-5

**Der Dritte Weltkrieg** – Das Undenkbare denken, Hang Nguyen, Jamal Qaiser, 268 Seiten, Paperback, ISBN 978-3-947818-67-9

**Metaverse** – Was es ist, wie es funktioniert, wann es kommt, Andreas Dripke, Marc Ruberg, Detlef Schmuck, 256 Seiten, Paperback, ISBN 978-3-947818-87-7

**Der Wahn mit der Bürokratie** – Wie Bürokratismus unsere Gesellschaft zerstört, Andreas Dripke, Hubert Nowatzki, 260 Seiten, Paperback, ISBN 978-3-94-7818-89-1

**Alles über Krypto** – NFT, Blockchain, Bitcoin & Co., Andreas Dripke, Stephanie Stoerk, 160 Seiten, Paperback, ISBN 978-3-98674-007-8

**Klimakatastrophe** – Wahn oder Wirklichkeit?, Hang Nguyen et al., 184 Seiten, Paperback, ISBN 978-3-947818-49-5

**Computer wie Götter** – Die Rechenknechte übernehmen die Herrschaft, Andreas Dripke, Hang Nguyen, 148 Seiten, Paperback, ISBN 978-3-98674-005-4

**Alles über Künstliche Intelligenz** – Woher sie kommt, wie sie sie denkt, was sie kann, wohin sie führt, Andreas Dripke, Dr. Horst Walther, 208 Seiten, Paperback, ISBN 978-3-947818-25-9

**Das Versagen des Westens in Afghanistan, Syrien und der Ukraine**, Hang Nguyen, Jamal Qaiser, 148 Seiten, Paperback, ISBN 978-3-947818-97-6

**Wenn sich China und Russland verbünden...** Andreas Dripke, Hang Nguyen, Jamal Qaiser, 260 Seiten, Paperback, ISBN 978-3-98674-016-0

**Widerstand gegen die digitale Überwachung** – Wofür Julian Assange und Edward Snowden kämpften, Marc Ruberg, Detlef Schmuck, 220 Seiten, Paperback, ISBN 978-3-947818-93-8

**Das Internet der Dinge** – Das Netz umschlingt uns. Andreas Dripke, Wolfgang Odenthal, 136 Seiten, Paperback, ISBN 978-3-947818-99-0

**Kampf ums All** – Wie Jeff Bezos, Richard Branson und Elon Musk den Weltraum erobern, und die Rolle der NASA, der ESA, Russlands und Chinas, Andreas Dripke, 260 Seiten, Paperback, ISBN 978-3-98674-014-6

**China versus USA** – Kampf um die Vorherrschaft, Dr. Horst Walther et al., 280 Seiten, Paperback, ISBN 978-3-947818-63-1

**Spion im Smartphone** – Wie unser Alltagsbegleiter zur Falle wird und wie wir uns davor schützen können, Marc Ruberg et al., 208 Seiten, Paperback, ISBN 978-3-947818-85-3

**Kampf ums Wasser** – Die Herausforderung des 21. Jahrhunderts, Claude Piel, 380 Seiten, Paperback, ISBN 978-3-98674-024-5

# Über Diplomatic Council

Dieses Werk ist im Verlag des Diplomatic Council (DC) erschienen: DC Publishing. Das Diplomatic Council verknüpft einen globalen Think Tank, ein weltweites Business Network und eine Charity Foundation in einer einzigartigen Organisation mit Beraterstatus bei den Vereinten Nationen.

Unsere Mitglieder vertreten die feste Überzeugung, dass Wirtschaftsdiplomatie ein tragendes Fundament für die internationale Völkerverständigung und den friedlichen Umgang der Nationen darstellt. Aus dieser Erkenntnis heraus überträgt das Diplomatic Council das Ziel der globalen Völkerverständigung in ein ökonomisches Mandat. Die Methodik eines weltweiten Wirtschaftsnetzwerkes wird hierzu mit der diplomatischen Kommunikationsebene der Staaten dieser Erde untereinander verknüpft. Vor diesem Hintergrund sind im Diplomatic Council Persönlichkeiten aus Diplomatie, Wirtschaft und Gesellschaft engagiert, die mit Augenmaß ausgewählt werden und die sich durch eine hohe Akzeptanz, eine hohe Kompetenz und ein mit den Grundpfeilern des Diplomatic Council übereinstimmendes Wertesystem auszeichnen. Ebenso sind Unternehmen willkommen, für die Corporate Social Responsibility weit mehr als ein Schlagwort ist.

Weitere Informationen: www.diplomatic-council.org/application

# Über United Interim

United Interim (UI) ist das erste digitale Ökosystem im professionellen Interim Management der DACH-Region (Deutschland, Österreich, Schweiz). Für das Diplomatic Council ist United Interim daher der ideale Partner für die Fachbuchreihe „Von Interim Managern lernen".

United Interim bringt alle am Interim-Business beteiligten Parteien auf einer Online-Plattform zusammen: jederzeit, offen, direkt und provisionsfrei. Unternehmen, die einen Interim Manager bzw. eine Interim Managerin suchen, können kostenfrei qualitätsgesicherte Kandidaten über die Plattform finden, kontaktieren – und direkt mit ihnen Projektverträge abschließen. Kein Vermittler steht dazwischen.

Für Interim Manager ist die Nutzung von United Interim der Goldstandard in der digitalen Selbstvermarktung. Die offene Plattform bringt Sichtbarkeit und Relevanz –präzise bei den Zielgruppen. Ihre Dienstleistung können sie auf professionelle Weise jederzeit anbieten und ihren CV, ihr Video, Ergebnisse eines Diagnostic Tools zur Persönlichkeit, Case-Studies und Kundenreferenzen sowie Fachbeiträge über einen Blog zur Verfügung stellen. Für die Nutzung der Infrastruktur von United Interim zahlen die Interim Manager eine monatliche Flatrate.

Provider und Vermittler sowie Kapitalbeteiligungsgesellschaften und Unternehmensberater können ebenfalls – als Nachfrager nach Interim Managern – kostenlos auf die Interim Manager und Managerinnen direkt zugreifen und im eigenen Projektgeschäft einsetzen. Das bringt den Interim Managern, die sich auf United Interim präsentieren, zusätzlich weitere Projektanfragen.

Auf der Website von United Interim finden sich ebenfalls Partnerunternehmen, die geprüfte Dienstleistungen und Produkte rund um Interim Management zu günstigen Konditionen anbieten (zum Beispiel Berater für Positionierung und Unterlagen, Weiterbildung, berufsspezifische Versicherungs- und Finanzthemen oder Mobilität).

United Interim geht auf konkrete Anregungen von Kunden und Interim Managern zurück: Immer wieder wurden die Gründer Dr. Harald Schönfeld und Jürgen Becker, die als Herausgeber der vorliegenden Fachbuchreihe fungieren, gefragt, ob es nicht möglich sei, einfach selbst in Interim Manager-Datenbanken zu suchen und dort Projekte auszuschreiben. United Interim ist als Antwort auf diese Anforderungen entstanden.

UNITEDINTERIM GmbH
Kohlrainstrasse 10, CH-8700 Küsnacht / ZH, Schweiz
E-Mail: info@unitedinterim.com, Web: www.unitedinterim.com